1+X职业技能等级证书培训考核配套教材

1+X工业机器人应用编程职业技能等级证书培训系列教材

工业机器人应用编程（华数）初级

北京赛育达科教有限责任公司　组编

主　编　郑丽梅　左　湘　宁　柯

副主编　王志强　向艳芳　张光耀　葛建利

　　　　刘小斐　熊细莹

参　编　耿东川　梁　楠　刘浩波　王浩羽

　　　　陈　丽　杨　威　周　理　韩　力

　　　　熊艳华　李　涛

主　审　孙海亮　金　磊

机械工业出版社

本书依据1+X工业机器人应用编程职业技能等级标准（初级），融合现行职业院校的“工业机器人操作与编程”课程标准，以工业机器人应用编程一体化教学创新平台为载体，秉承“校企双元育人”的理念，本着“工作过程导向，课岗标准融通，项目任务引领”的原则编写而成。本书内容包括工业机器人的参数设置与手动操作试运行，工业机器人绘图操作与编程，工业机器人搬运操作与编程，工业机器人码垛操作与编程，工业机器人装配操作与编程，工业机器人典型应用编程和工业机器人综合应用编程。

本书可作为职业院校学生或企业员工参加工业机器人应用与编程职业技能培训与考证的指导书，也可作为机电、电气、机器人、自动化类专业人员学习机器人操作与编程的教材。

本书配有教学视频，读者可在手机应用商店中下载“高德e课”APP扫码观看。

图书在版编目（CIP）数据

工业机器人应用编程：华数：初级/北京赛育达科教有限责任公司组编；郑丽梅，左湘，宁柯主编. —北京：机械工业出版社，2021.5（2025.2重印）

1+X职业技能等级证书培训考核配套教材　1+X工业机器人应用编程职业技能等级证书培训系列教材

ISBN 978-7-111-68164-9

Ⅰ.①工…　Ⅱ.①北…②郑…③左…④宁…　Ⅲ.①工业机器人-程序设计-职业技能-鉴定-教材　Ⅳ.①TP242.2

中国版本图书馆CIP数据核字（2021）第083056号

机械工业出版社（北京市百万庄大街22号　邮政编码100037）
策划编辑：薛　礼　责任编辑：薛　礼
责任校对：潘　蕊　封面设计：鞠　杨
责任印制：常天培
河北鑫兆源印刷有限公司印刷
2025年2月第1版第8次印刷
184mm×260mm · 11.75印张 · 276千字
标准书号：ISBN 978-7-111-68164-9
定价：39.80元

电话服务　　网络服务
客服电话：010-88361066　机　工　官　网：www.cmpbook.com
010-88379833　机　工　官　博：weibo.com/cmp1952
010-68326294　金　书　网：www.golden-book.com
封底无防伪标均为盗版　机工教育服务网：www.cmpedu.com

党的二十大报告指出："推动制造业高端化、智能化、绿色化发展。巩固优势产业领先地位，在关系安全发展的领域加快补齐短板，提升战略性资源供应保障能力。推动战略性新兴产业融合集群发展，构建新一代信息技术、人工智能、生物技术、新能源、新材料、高端装备、绿色环保等一批新的增长引擎。"伴随相关领域高技能人才的迫切需求，同时作为支撑智能制造产业的高端装备，工业机器人将迎来新的发展。预计2025年，智能制造与机器人相关行业对工业机器人操作维护、系统安装调试、系统集成方面的技术技能人才需求量将达到100万人。1+X工业机器人应用编程职业技能等级证书考评致力于提高复合型技术技能人才的培养质量，缓解结构性就业的矛盾。在北京赛育达科教有限责任公司统筹组织下，武汉华中数控股份有限公司联合佛山市华材职业技术学校的左湘名师工作室团队主持开发了初级证书考评培训教材。本书具有以下特征：

1）课岗标准融通。本书依据职业院校工业机器人技术应用专业"工业机器人操作与编程"课程标准、1+X工业机器人应用编程职业技能等级标准（初级）编写而成，将职业技能点要求按照由易到难的顺序有机融入七个项目的不同任务中，实现了教学标准和职业岗位技能要求的有机融合。本书揉和了工业机器人操作与编程的理论知识和行业发展的新技术、新工艺、新规范和新要求，不但适用于1+X职业技能等级证书的培训考核，还可供职业院校开展教学、企业进行技能培训使用。

2）工作过程导向。本书以工业机器人现场操作技术员岗位的工作过程为主线，符合技术技能人才培养的基本要求，结合职业院校学生的认知和职业能力养成规律，按行动导向开展任务实训。读者可从"任务描述"中获取工作信息，结合适当的"知识准备"对任务涉及的知识、实施的方法和技能点进行梳理，以"任务实施"为引导，按照典型工作任务的工作过程实现"工学结合，理实一体"的职业技能训练，通过精准对标的"任务评价"检验学习效果。

3）产教资源共享。本书所有资源由校企协同开发，资深的工业机器人专家和授课教师通过大量的企业调研和实践，结合职业技能点的具体要求设计了典型工作任务，利用形象的控制流程图将企业工程师的经验记录下来。读者扫描书中二维码可观看教学视频。

由于编者水平有限，书中难免有疏漏和不足之处，恳请广大读者批评指正。

编 者

二维码索引

（续）

目录
CONTENTS

绪论

早在1993年十四届三中全会通过的《中共中央关于建立社会主义市场经济体制若干问题的决定》中首次提出实行“学历文凭和职业资格两种证书制度”，即双证书制度。双证书制度突出了“双证融通”的特点，即职业院校毕业生在获得学历文凭的同时，还应取得相应的职业资格证书，达到相应职业资格标准。“双证融通”在一定历史时期内，在对课程标准与职业标准的融通、课程评价模式与职业技能鉴定的融通以及学历教育管理与职业资格证书管理的融通三个方面发挥了重要的作用，促进了职业院校的教学改革，提升了学生的职业技能水平，形成了学历文凭和职业资格证书并重的良好局面。

随着国务院进一步推进简政放权、优化服务改革的部署，人力资源和社会保障部于2017年制定了《国家职业资格目录》，并于2019年进行了修订，将58项专业技术人员职业资格和81项技能人员职业资格共计139项证书纳入资格目录，明确规定：职业资格认定实行清单式管理，目录以外的一律不得许可和认定职业资格。2021年1月，人力资源和社会保障部为贯彻落实国务院“放管服”改革要求，结合近年来国务院有关部门职责调整、行政审批事项改革等情况，拟对2017年公布的《国家职业资格目录》专业技术人员职业资格部分进行调整。调整后，拟列入专业技术人员职业资格58项，其中，准入类31项，水平评价类27项。调整后的《国家职业资格目录（专业技术人员职业资格）》目前正处于公示阶段。《国家职业资格目录》的出台从国家层面杜绝了职业资格证书过多过滥的问题，对社会上“滥发证”的现象形成了有效遏制。通过对《国家职业资格目录》的研究和梳理，不难发现：目录中的证书类别缺少对面向先进制造业、现代服务业以及高新技术、新兴产业等领域的职业技能水平的认定。大量职业院校新兴专业出现“无证可考”的现象。传统专业因证书吸引力低或通过率低，出现“有证不想考，有证不敢考”的局面。这些都会导致职业院校学生双证书率大幅下降，使双证书制度的推行受到前所未有的压力。

2019年1月，国务院印发了《国家职业教育改革实施方案》（以下简称职教20条），把学历证书与职业技能等级证书结合起来，探索实施1+X证书制度，是职教20条的重要改革部署，也是重大创新。

1. 实施1+X证书制度的意义

从宏观角度来说，1+X证书制度有助于缓解结构型就业矛盾问题，为早日实现“两个一百年”目标提供技术支持和人才支持。同时，1+X证书制度也符合时代发展潮流，有助于推动国家职业教育改革。1+X证书制度对高职院校自身来说也有着重大意义。

首先，1+X证书制度是职业院校学历教育与职业培训相融合的基础。学历教育普遍体现在职业院校的教育过程之中，而职业培训则旨在引导学生多元化发展。高职院校的实践工作具有针对性和灵活性，学生只有根据不同的情况将理论知识活学活用，才能真正掌握知识和技能。职业教育在人才培育方面不仅要注重学生的文化理论教育，还要满足社会职业岗位的需求，以就业为导向，充分利用社会资源，保证学生利益，推动职业教育现代化进程。

其次，1+X 证书制度的实施有利于职业院校增强教师队伍培训和教学能力。职业教育的改革创新包括办学体制改革和育人机制革新。育人机制的改革要求教师调整教学方式，教师不仅要具备理论教学能力，还应提高自身的实践教学水平。只有这样，教师才能带领学生在学习中不断进步，达到德技并修、工学结合的目标。同时，教师要在教学过程中融入用人单位的职业要求，在实训过程中强化学生职业技能应用能力，当好学生的职业规划领路人。

最后，1+X 证书制度的实施能够推动校企合作，促进人力资源开发。企业的需求就是职业院校学生需要达到的目标。企业、行业的需求会影响到职业技能证书的考核评定问题，校企合作有利于学生充分了解自己需要考取的职业技能证书。1+X 证书制度围绕学历证书和实际岗位需求，对职业院校学生提出了更加严格的要求，也为学生的可持续发展指明了方向，有利于激发学生的潜力，扩大职业院校人才输出力度。

2. 华数工业机器人应用编程一体化教学创新平台的组成及功能

图 0-1 所示为华数工业机器人应用编程一体化教学创新平台 HSA 型设备效果图。该平台以桌面型 6 轴工业机器人系统 HSR-JR603-C30 为核心操作设备，采用快换工具模块，配置多种机器人末端工具，实现设备的多种功能快速自动切换；外部设施配置有无需信息交互的搬运模块、码垛模块、绘图模块和装配模块等，可进行机器人独立的应用编程训练和考核；同时，该平台配置了基于外部 PLC 控制的数字化仓储模块、井式供料模块、带输送模块、称重模块和工件信息读取/写入的 RFID（射频识别）模块，这些模块支撑了常用的 PLC 应用编程及调试的练习和考核；系统配置的视觉模块、通信模块、旋转变位模块以及在 HSB 型设备中配置的机器人外部行走轴等覆盖了多种通信方式，支撑了工业互联网技术应用的实践；工业机器人离线编程软件对工业机器人有助于复杂工艺的编程，可有效扩展工业机器人应用编程的边界，充分发挥用户的想象力，实现任何可能的机器人操作任务。

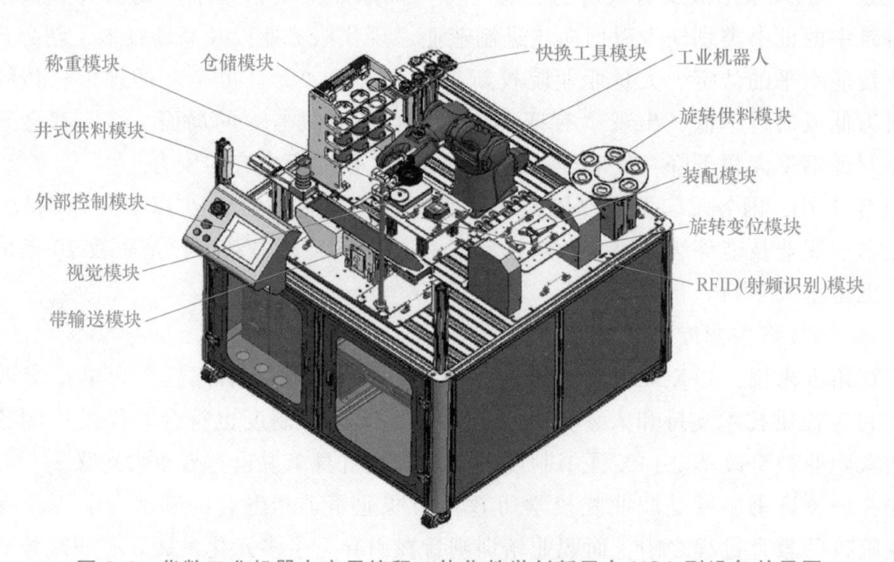

图 0-1 华数工业机器人应用编程一体化教学创新平台 HSA 型设备效果图

3. 华数工业机器人应用编程一体化教学创新平台的各功能模块

（1）工业机器人　华数工业机器人应用编程一体化教学创新平台采用的机器人为 HSR-JR603 桌面型机器人，如图 0-2 所示。该工业机器人系统采用华数 HSR-JR603-C30 系统，包含了机器人本体、机器人控制柜、示教器和机器人连接电缆。HSR-JR603 型工业机器人臂展为 571.5mm，负载能力为 3kg，末端最大运行速度为 3m/s。

（2）快换工具模块　快换工具模块配置了多种机器人末端工具，如图 0-3 所示。机器人末端工具主要包括直口夹具、弧口夹具、机器人标定尖端工具和单吸盘，另有可自主更换安装的焊接工具、涂胶工具、打磨和雕刻工具。

图 0-2　HSR-JR603 桌面型机器人

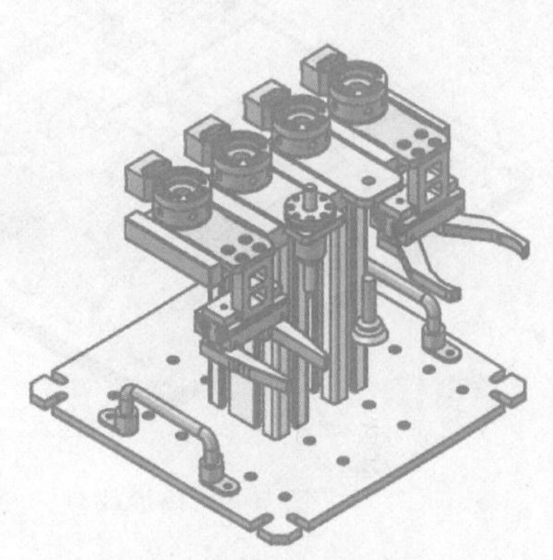

图 0-3　快换工具模块

机器人末端工具均由机器人控制器控制 I/O 模块实现状态切换，其信号接口的定义见表 0-1。

表 0-1　机器人末端工具信号接口的定义

I/O 信号	功能	I/O 信号	功能
DO[8]	快换松	DO[11]	夹具紧
DO[9]	快换紧	DO[12]	吸盘
DO[10]	夹具松		

（3）绘图模块　绘图模块包括平面绘图和曲面绘图两个模块，分别如图 0-4 和图 0-5 所示。平面绘图模块可调整角度，通过磁铁将图纸固定在平面板上，可快速更换图纸；曲面绘图模块由曲面板和曲面压条组成，曲面压条将图纸压在曲面板上，形成与曲面板相同的弧面。平面绘图模块和曲面绘图模块均需安装在模块公用安装支架上，由用户自主选择拆装切换所需的模块。

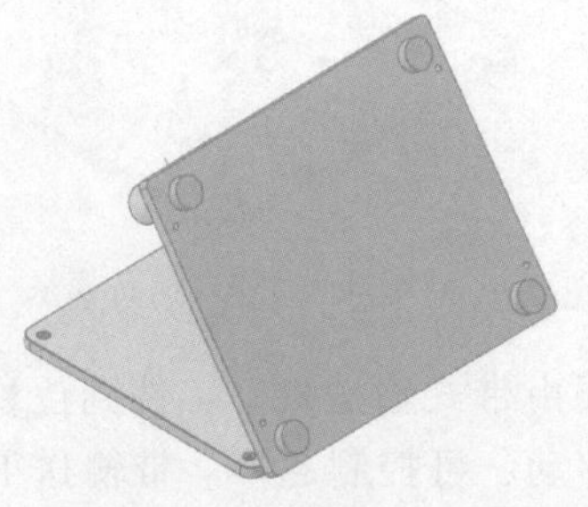

图 0-4　平面绘图模块

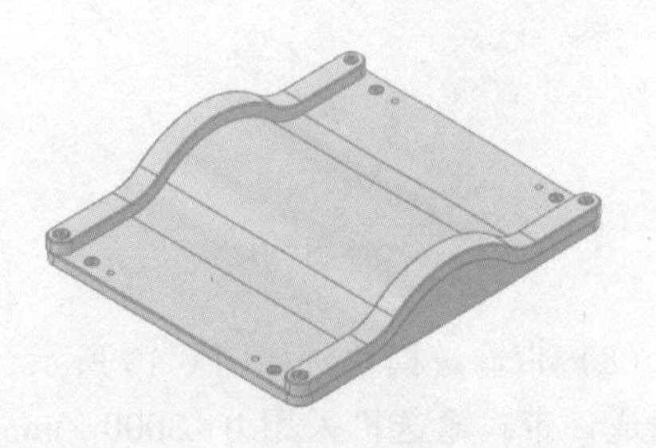

图 0-5　曲面绘图模块

（4）码垛模块　如图 0-6 所示，码垛模块由码垛面板和码垛物料块组成。码垛面板分为物料放置位和码垛工位。物料块分为方形和长形，分别为白色和黑色，长方形和正方形可进行混合码垛，实现多种垛型的编程练习。

（5）搬运模块　如图 0-7 所示，搬运模块的主要功能为斜面搬运，包括两个搬运物料放置架和表面印有数字 1~9 的三角形物料块，操作者可自定义搬运顺序，将编号为 1~9 的物料块在两个放置架之间进行转移操作编程。

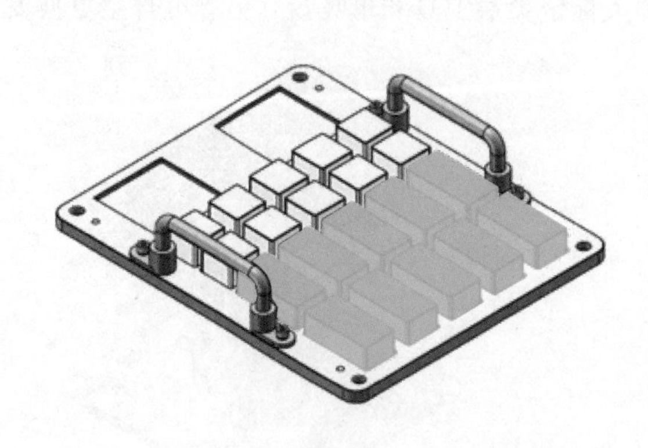
图 0-6　码垛模块

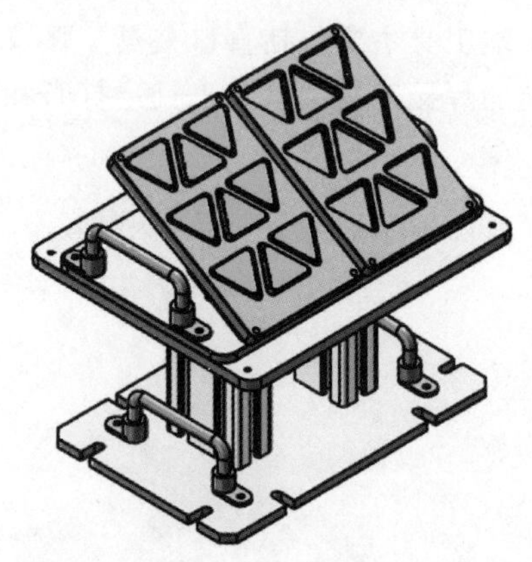
图 0-7　搬运模块

（6）旋转变位模块　如图 0-8 所示，旋转变位模块（也称变位机）采用机器人外部轴控制，其驱动电动机接收机器人控制器命令，通过示教器对其进行编程和操作。变位机采用绝对式编码器，模块侧面板有零位刻线，可通过示教器校准变位机零位，运动范围通过机械限位设置为±45°。变位机减速器的速比为 1：50。

（7）井式供料模块　如图 0-9 所示，井式供料模块由圆柱形料筒和伸缩气缸组成，圆柱形料筒内径为 50mm，可同时装入机器人关节的减速器和输出法兰两种圆形物料，圆柱形料筒底部配置了对射型传感器来检测有无工件，气缸配置了磁性开关来检测动作是否执行，气缸的动作及传感器信号均由 PLC 控制。井式供料模块 I/O 接口的定义见表 0-2。

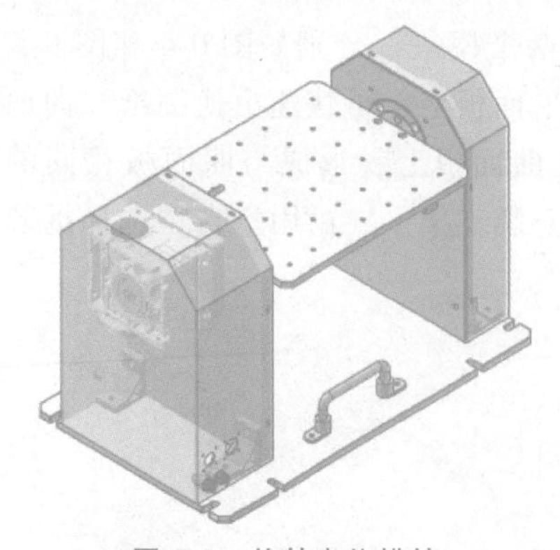
图 0-8　旋转变位模块

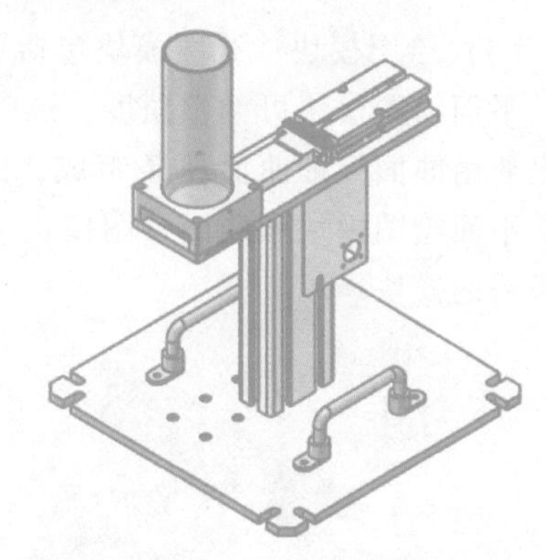
图 0-9　井式供料模块

（8）带输送模块　如图 0-10 所示，带输送模块主要由带式输送机、工件到位检测传感器组成。带式输送机采用 0~3000r/min 的直流电动机驱动，可控制起停。带输送 I/O 接口的定义见表 0-3。

表 0-2 井式供料模块 I/O 接口的定义

IO 信号	功能	IO 信号	功能
I0.5	检测料筒内有无工件	Q0.5	井式供料气缸伸出
I0.6	井式供料气缸升到位	Q0.6	井式供料气缸缩回
I0.7	井式供料气缸退到位		

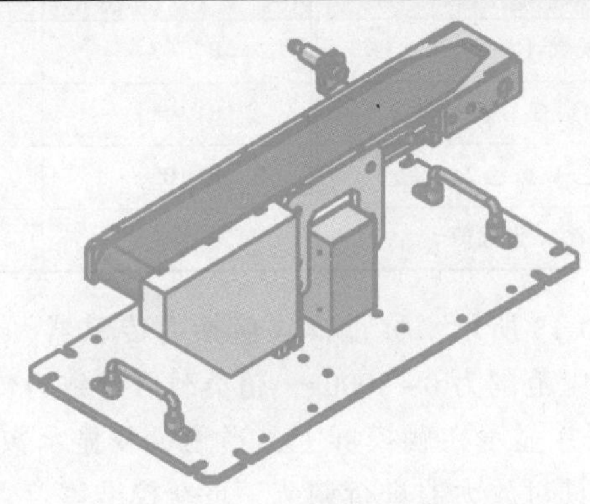

图 0-10 带输送模块

表 0-3 带输送模块 I/O 接口的定义

IO 信号	功能	IO 信号	功能
I0.4	检测带末端工件	Q0.2	带起停

（9）装配模块　如图 0-11 所示，装配模块为机器人组装零部件提供了准确的操作工位，主要由伸缩气缸和工件定位夹紧块组成，伸缩气缸的动作由 PLC 控制。装配模块 I/O 接口的定义见表 0-4。

表 0-4 装配模块 I/O 接口的定义

IO 信号	功能	IO 信号	功能
Q0.3	伸缩气缸紧	Q0.4	伸缩气缸松

（10）视觉模块　如图 0-12 所示，视觉模块主要包含相机、光源、视觉控制器、通信软

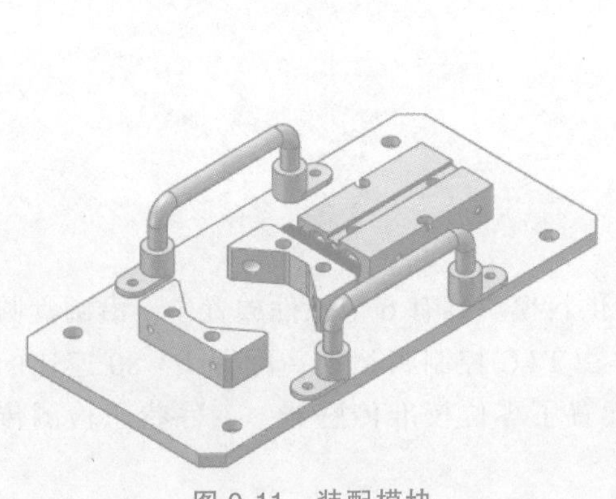

图 0-11 装配模块

图 0-12 视觉模块

件和应用软件。视觉控制器为外部计算机，可检测工件外形轮廓、工件颜色和工件坐标值，其信息通过 TCP/IP 发送到机器人控制器。视觉模块的数据存储在机器人 R 寄存器中，当前的存储位置见表 0-5。

表 0-5 视觉模块的数据存储

机器人 R 寄存器	功能	机器人 R 寄存器	功能
R[99]	视觉-1 拍照	R[103]	视觉-Y 坐标值
R[100]	视觉-拍到有 1/没拍到 2	R[104]	视觉-θ 坐标值
R[101]	视觉-白色 1/黄色 2/蓝色 3	R[105]	视觉-法兰 1/减速器 2
R[102]	视觉-X 坐标值		

（11）称重模块　如图 0-13 所示，称重模块包括力传感器、信号放大器和 PLC 的模拟量输入功能。称重传感器感应范围为 0~5000g，超负载可导致力传感器不可恢复性损坏。称重传感器感应值由 PLC 接收并显示在触摸屏上，当无负载显示数值不是 0 时，可通过模块侧面孔，使用一字槽螺钉旋具对放大器进行调节，重新校准零点。称重模块通过 PLC 的 AI0 接口进行数据输入。

（12）仓储模块　如图 0-14 所示，仓储模块又称为数字化料仓、立体仓库，该模块包含 12 个存储位（4 层，每层 3 个存储位），工件最大存储尺寸为 65mm（直径）×100mm（高度）；下面两层共配置有 6 个工件检测传感器，最大检测距离为 15mm，传感器信号集成于远程 I/O 模块，与 PLC 控制器通过 modbus_TCP 进行信号交互。仓储模块用于放置机器人关节装配的工件和成品（图 0-15），也可用于存放复杂工艺编程的工件（图 0-16）。

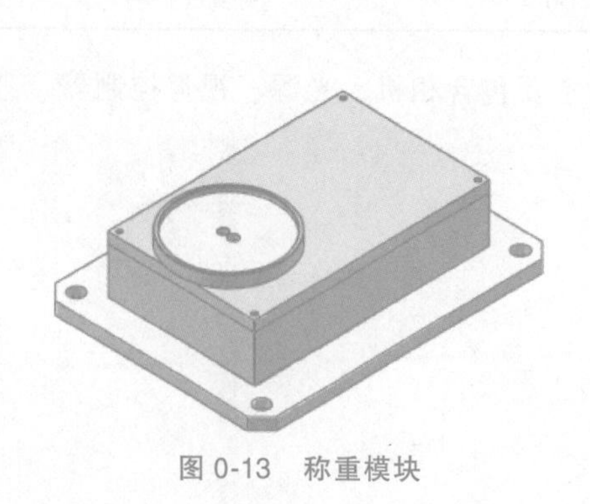

图 0-13　称重模块

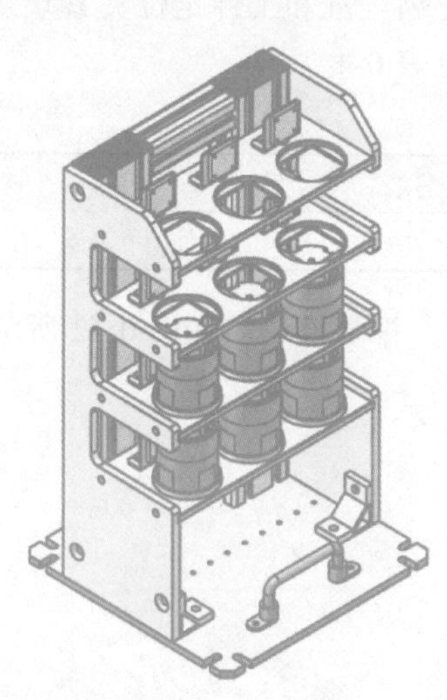

图 0-14　仓储模块

（13）旋转供料模块　如图 0-17 所示，旋转供料模块具有 6 个工件放置位，沿圆盘圆周方向阵列。旋转供料模块采用步进电动机驱动，由 PLC 控制其运动，配置 1 : 80 速比的谐波减速器，运动平稳，精度高。旋转供料模块配置了零位校准传感器、工件状态检测传感器。旋转供料模块 I/O 接口的定义见表 0-6。

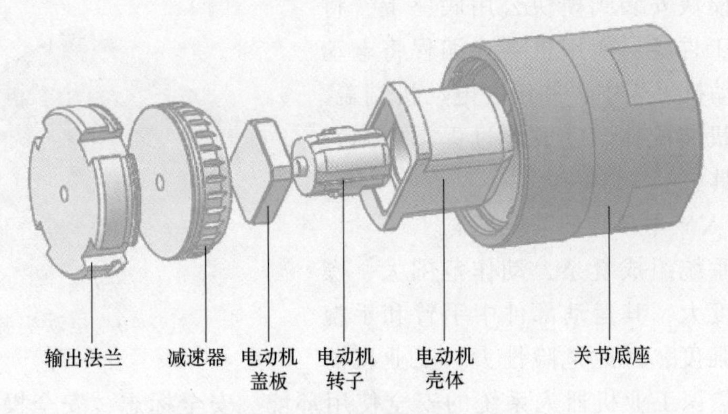

图 0-15 机器人关节装配的工件和成品

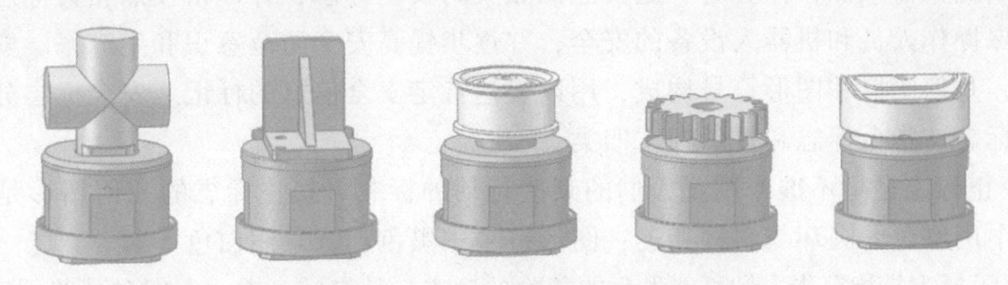

图 0-16 复杂工艺编程的工件

表 0-6 旋转供料模块 I/O 接口的定义

IO 信号	功能	IO 信号	功能
I0.2	旋转供料模块原点	Q0.0	旋转供料模块电动机方向
I0.3	旋转供料模块工件检测	Q0.1	旋转供料模块电动机脉冲

（14）RFID（射频识别）模块　如图 0-18 所示，RFID 模块采用西门子 RFID 读取器和通信模块，与西门子 PLC 无缝集成，应用西门子电子标签管理软件，可快速编写物料追溯系统。

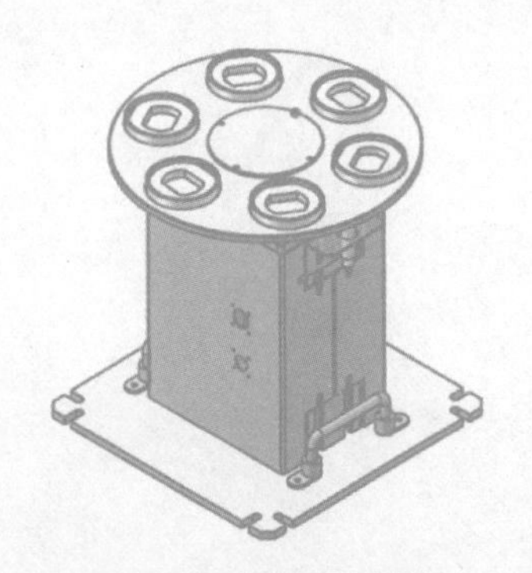

图 0-17 旋转供料模块

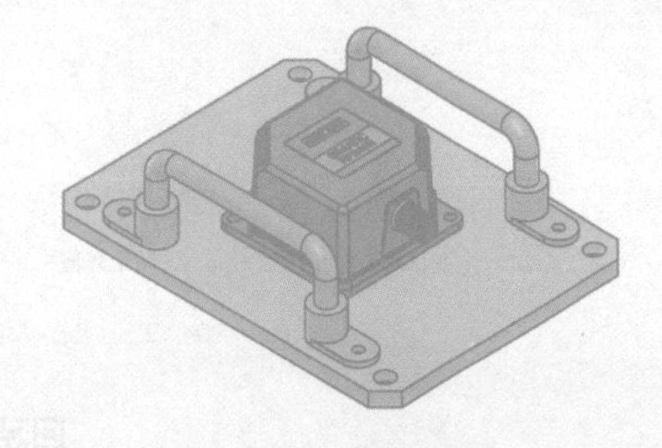

图 0-18 RFID 模块

（15）电动机装配模块　如图 0-19 所示，电动机装配模块具有 6 组电动机零件放置位，分别有三种颜色的三种类型工件，即黄色、白色和蓝色的电动机外壳、电动机转子和电动机端盖。首先将此模块安装到模块公用底座上，将物料放置到对应工件位，使用机器人编程将电动机转子装配到电动机外壳中，并组装电动机端盖，形成完整的电动机装配体。完成此过程需用到直口夹具和吸盘工具。

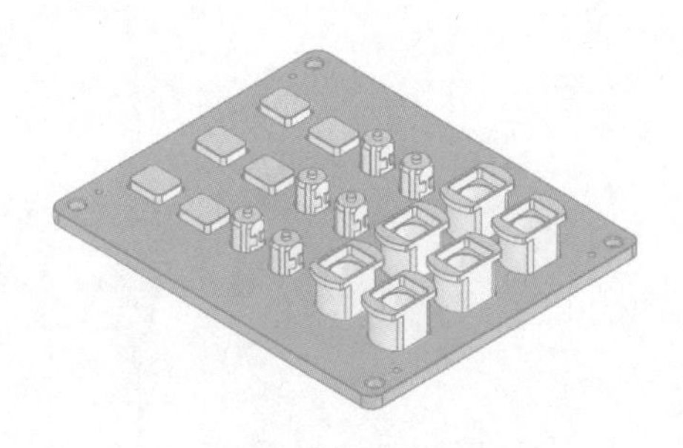

图 0-19 电动机装配模块

4. 工业机器人应用系统的安全标志

工业机器人系统组成复杂，动作范围大、操作速度快、自由度大，其运动部件中手臂和手腕部分具有较高的强度，因此危险性大。工业机器人操作人员只有熟识工业机器人系统的安全使用环境、安全标志、安全操作规范和注意事项，并通过专项认证方能操作工业机器人。

从事工业机器人操作作业时一定要注意相关的安全标志，并严格按照相关标志的指示执行，以确保操作人员和机器人设备的安全，并逐步提高安全防范意识和生产率。安全标志是由安全色、几何图形和图形符号构成，用以表达特定安全信息的标记。安全标志分为禁止标志、警示标志、指令标志和提示标志四类。

1）禁止标志是指不准或制止人们的某些行动的标志。禁止标志的几何图形是带斜杠的圆环，其中用红色的圆环与斜杠相连；图形符号用黑色；背景用白色。

2）警示标志是指警告人们可能发生的危险的标志，是告诫、提示人们对某些不安全因素的高度注意和警惕，是一种消除可以预料到的风险或把风险降低到人体和机器可接受范围内的一种常用方式。警示标志的几何图形是黑色的正三角形；图形符号用黑色；背景用黄色。

3）提示标志的几何图形是方形；背景为绿或红色；图形符号及文字为白色。

工业机器人应用系统常见的安全标志如图 0-20 所示。

图 0-20 工业机器人应用系统的常见安全标志

安全标识认知

工业机器人的参数设置与手动操作试运行

【项目描述】

工业机器人是典型的机电一体化设备，由控制柜、机器人本体和示教器等组成。能熟练地使用示教器进行参数的设置，理解工业机器人系统的工作原理，安全地操作工业机器人的启停是工业机器人应用编程最基础的职业能力要求，也是顺利完成工业机器人示教编程的保障。

本项目由桌面型六轴工业机器人系统 HSR-JR603 的安全开、关机，参数设置，零点校准三个典型工作任务组成。通过学习相关内容，读者能够快速地熟悉 HSpad 示教器的使用方法，直观地了解工业机器人系统的工作原理，提升操作工业机器人的技能。本项目的工作任务及职业技能点如图 1-1 所示。

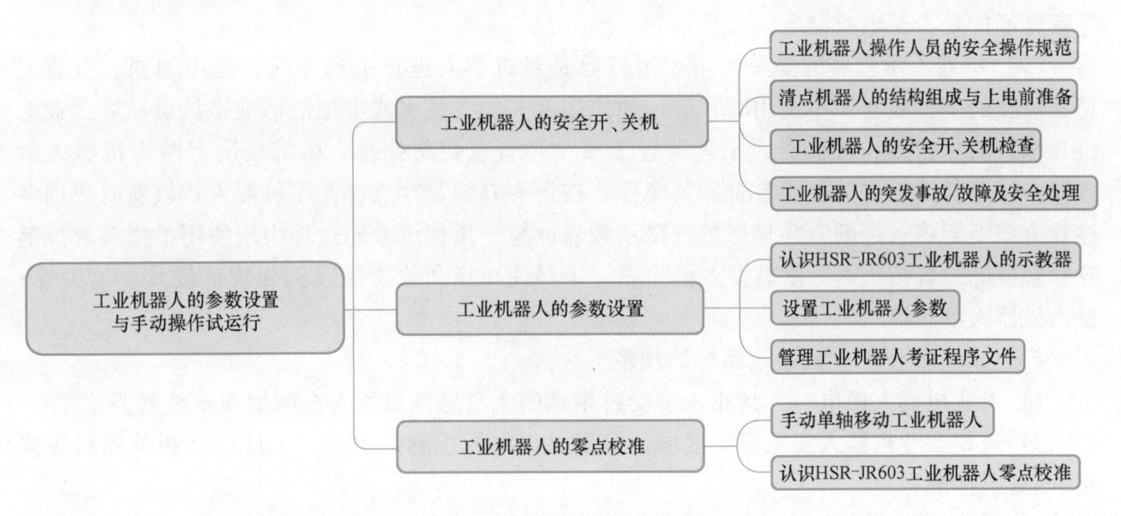

图 1-1　工业机器人的参数设置与手动操作试运行工作任务及职业技能点

任务一　工业机器人的安全开、关机

【任务描述】

本任务介绍了 HSR-JR603 工业机器人系统的结构组成、工业机器人操作人员的安全操作规范要求，控制 HSR-JR603 工业机器人的安全开、关机，工业机器人的突发事故/故障及安全处理方法，旨在进一步培养工业机器人应用编程人员的安全操作规范意识和职业习惯。

【任务实施】

一、工业机器人操作人员的安全操作规范

工业机器人操作人员的安全操作规程是指操作员在操作机器人系统设备和调整仪器仪表时必须遵守的规章和程序。其主要内容包括操作步骤和程序，安全技术知识和注意事项，个人安全防护用品的正确使用，工业机器人系统和周边安全设施的维修与保养，突发事故的预防措施，安全检查的制度和要求等。操作人员在操作机器人时应注意以下事项。

（1）操作前的安全准备

1）人身安全。操作人员在操作机器人前应穿戴好工作服和安全帽，防止被工业机器人系统零部件尖角或工业机器人末端工具划伤。

2）环境安全。工业机器人操作环境应设置“危险”“无关人员禁止入内”“无关人员禁止触碰”和“远离作业区”等安全标志，以免在工业机器人工作场地及周围发生危险。应设置安全保护光栅，在地面上铺设光电接近开关或垫片开关，当操作人员误入机器人工作区域内时，机器人会发出警报并停止工作，确保人身安全。

3）设备安全。确认夹具是否夹紧工件、旋转或运动的工具是否停止、长时间运行的机器人系统设备的表面温度是否过高、设备的液压和气动系统是否有预压或残余压力、控制柜等带电部件是否断电或漏电。

（2）机器人示教器的安全使用　示教器是对机器人进行手动操纵、程序编制、参数配置和监控的手持装置。不使用时，应定期使用软布醮少量水或中性清洁剂轻拭触摸屏，盖上USB端口的保护盖，将机器人示教器置于安全位置，切勿摔打、抛掷或用力撞击机器人示教器。使用时要确保其使能装置和紧急停止按钮等有效。存放和使用机器人示教器时要确保连接电缆不会将人绊倒，并且严禁踩踏示教器电缆。操作示教器过程中应使用手指或触摸笔轻触触摸屏、轻按机器人示教器上的按钮，不得使用锋利的物体（例如螺钉旋具、笔尖等）操作机器人示教器。

（3）安全操作工业机器人系统的规范

1）工业机器人通电时，禁止未接受过培训的人员触摸机器人控制柜和示教器。

2）规划工业机器人安全保护区域的范围并设置标志牌。工具、工件以及相关器材应按照8S规范摆放。

3）预测机器人的动作轨迹及操作位置，保证人、物与运行的工业机器人保持足够的安全距离。

4）不得随意移动、悬吊工业机器人；不能骑坐在机器人本体上；不能倚靠在工业机器人或控制柜上；不得随意触碰示教器上的开关或按钮，防止机器人意外动作，造成人身伤害或设备损坏。

5）妥善保管示教器，防止其他人员误操作。如果在安全保护区域内有工作人员，应手动低速操作机器人系统。

6）发生紧急情况时，应立即按下控制柜或机器人本体上的急停按钮。在确保系统完全停止运行后，方可靠近机器人进行相关处理。

二、清点机器人的结构组成与上电前准备

工业机器人由控制柜、机器人本体和示教器等组成，如图 1-2 所示。上电前将配电柜 AC 220V 电源对应接入控制柜，并确保示教器、机器人本体与控制柜之间的连接电缆对应连接好，如图 1-3 所示。

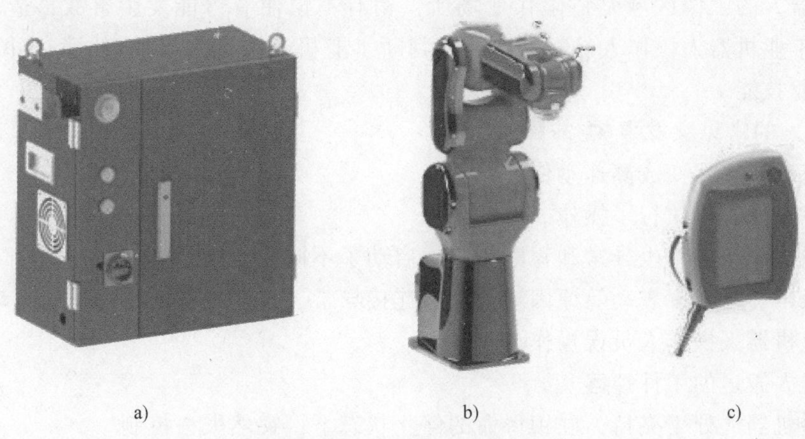

a)　　b)　　c)

图 1-2　工业机器人的结构组成

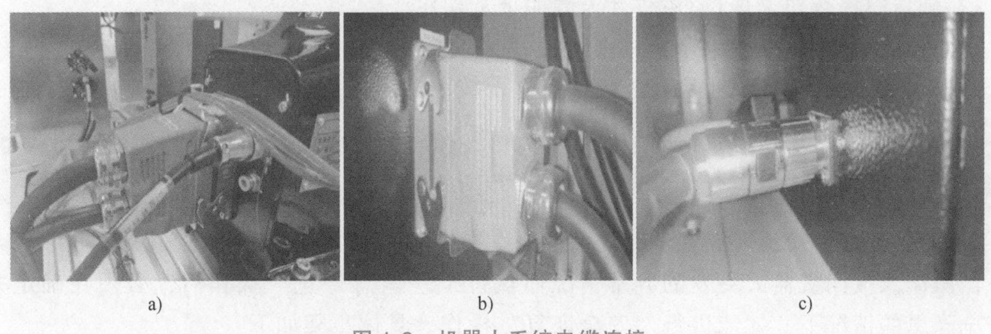

a)　　b)　　c)

图 1-3　机器人系统电缆连接

三、工业机器人的安全开、关机检查

1）安全开机。接通配电柜供电开关，确认电压为 AC 220V，旋转控制柜电源开关为 ON 状态，控制柜电源指示灯（白色）点亮，待示教器与控制柜连接成功后，示教器信息窗口提示系统初始化成功，如图 1-4 所示。

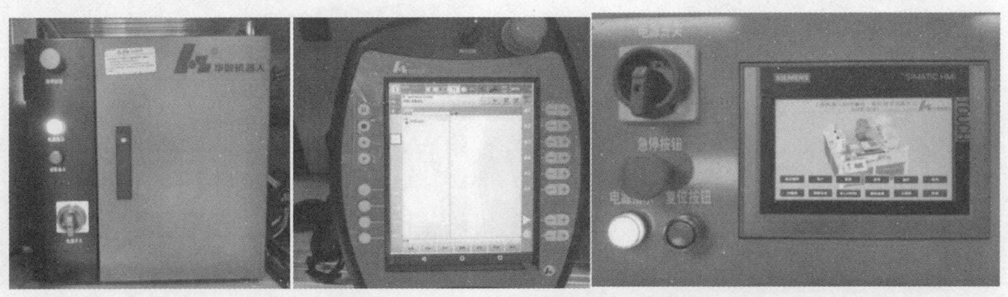

图 1-4　工业机器人安全开机检查

2）安全关机。操作完毕后，按控制柜或示教器的急停按钮，将示教器挂在控制柜的示教器固定架上，旋转控制柜电源开关为 OFF 状态，同时确保控制柜内的断路器处于 OFF 状态，控制柜电源指示灯（白色）熄灭。

四、工业机器人的突发事故/故障及安全处理

工业机器人的工作区域是危险作业场所，稍有不慎便有可能发生事故，造成一定的危害。因此，工业机器人操作人员需具备准确判断工业机器人突发事故/故障，并快速实施应对措施的职业技能。

1. 机器人的常见突发事故/故障

1）低速动作突然变成高速动作。

2）其他操作人员执行了操作。

3）因周边设备等发生异常和程序错误，启动了不同的程序。

4）因噪声、强光、震动等原因导致信号连接异常，工业机器人执行非规定动作。

5）工业机器人操作人员误操作。

6）机器人搬运的工件掉落。

7）工业机器人处于夹持、联锁待命的停止状态下，突然失去控制。

2. 机器人的“紧急停止”安全处理要点

1）确保急停按钮、保持/运行开关等能正常动作。

2）操作人员在操作过程中应始终保持可以立刻按下急停按钮的姿态。

3）机器人运行中如发生突发故障，应立即按下急停按钮。

注意：在正常动作时，请勿随意按下急停按钮，否则会缩短制动器的使用寿命，也会导致机器人动作轨迹发生变化，有可能撞到外围装置。

3. 机器人的“安全恢复”

当操作人员因机器人突发的异常情况而执行了“紧急停止”操作后，必须在确定并排除安全隐患的情况下，才能进行“安全恢复”操作。具体步骤如下：

1）确认安全后解除“紧急停止”状态。依次沿逆时针方向旋转示教器、控制面板和控制柜上的急停按钮。

2）清除示教器的报警提示，如图 1-5 所示。

3）按下控制面板上的复位按钮，对系统进行复位，如图 1-6 所示。

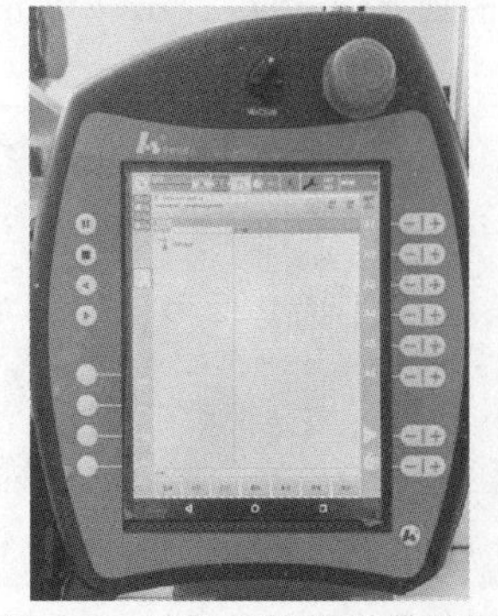

图 1-5　清除示教器报警提示

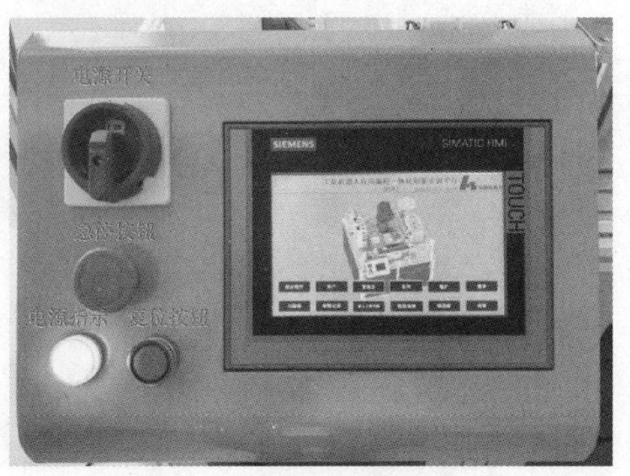

图 1-6　控制面板报警提示

【任务评价】

本任务的重点是培养工业机器人操作人员的安全操作规范意识和习惯。任务评价内容分为职业素养和技能操作两部分，具体要求见表 1-1。

表 1-1　工业机器人的安全开、关机任务考核评价表

序号	评价内容	是/否完成	得分
职业素养(50 分)			
1	正确穿戴工作服和安全帽(10 分)		
2	爱护设备(10 分)		
3	安全规范用电(20 分)		
4	器材摆放符合 8S 要求(10 分)		
技能操作(50 分)			
1	正确清点机器人的配置(10 分)		
2	检查设备连接状态(10 分)		
3	安全开机(10 分)		
4	安全关机(10 分)		
5	紧急停止(10 分)		
综合评价			

任务二　工业机器人的参数设置

工业机器人报警语言及时间设置

【任务描述】

示教器是对机器人进行手动操纵、程序编写、参数配置和监控的手持装置。本任务从认识示教器的结构功能，熟悉示教器的操作界面，设置示教器的常用参数三个方面强化工业机器人应用编程岗位人员的核心职业技能。

【知识准备】

华数Ⅲ型工业机器人控制系统是华数机器人有限公司自主研发的一套控制系统，具有高速度、高精度的运行特点，其编程语言简洁易懂，可通过华数Ⅲ型示教器实现快速编程与实时调节。HSR-JR603 示教器的结构如图 1-7 和图 1-8 所示，示教器的操作界面如图 1-9 所示，其控制系统的名称及功能见表 1-2。

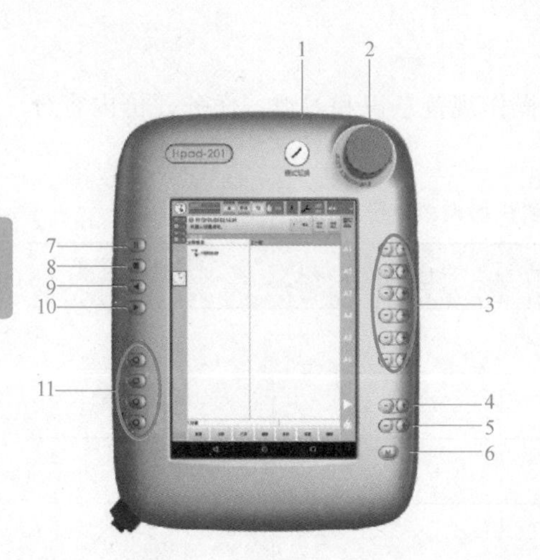

序号	说明
1	用于调出连接控制器的钥匙开关。只有插入钥匙后，状态才可以被转换 可以通过连接控制器切换运行模式(手动/自动/外部)
2	紧急停止按钮。用于在危险情况下使机器人停止运行
3	点动运行按钮。用于手动移动机器人
4	用于设定程序调节量的按钮。自动、外部运行倍率调节
5	用于设定手动调节量的按钮。手动运行倍率调节
6	菜单按钮。可进行菜单和文件导航器之间的切换
7	暂停按钮。运行程序时，暂停运行
8	停止按钮。用于停止运行中的程序
9	预留按钮
10	开始运行按钮。在加载程序成功时，按此按钮，系统开始运行程序
11	备用按钮

图 1-7 HSR-JR603 工业机器人示教器的正面

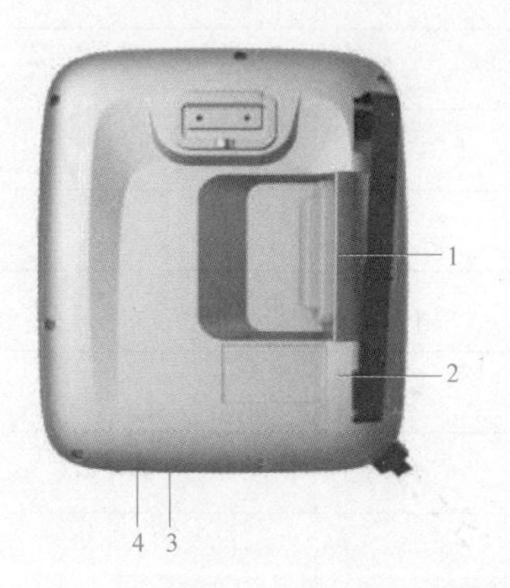

序号	说明
1	三段式安全开关有3个位置，即未按下、中间位置和完全按下 在运行模式为手动T1或手动T2时，确认开关必须保持在中间位置，方可使机器人运动，其他位置关闭机器人六个轴的使能 在自动运行模式中，安全开关不起作用
2	示教器型号粘贴处
3	调试接口
4	USB接口用于存档/还原等操作

图 1-8 HSR-JR603 工业机器人示教器的背面

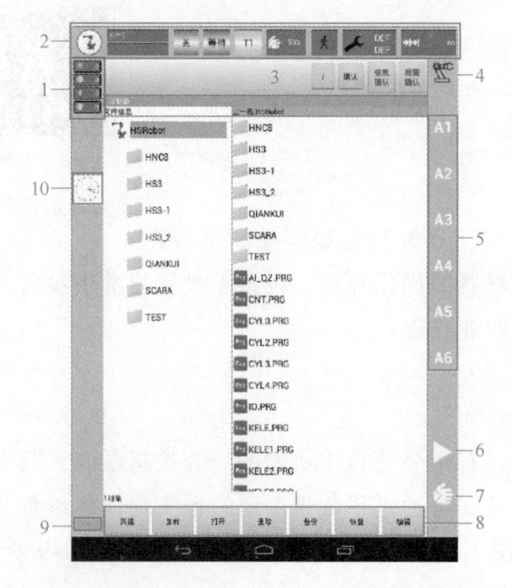

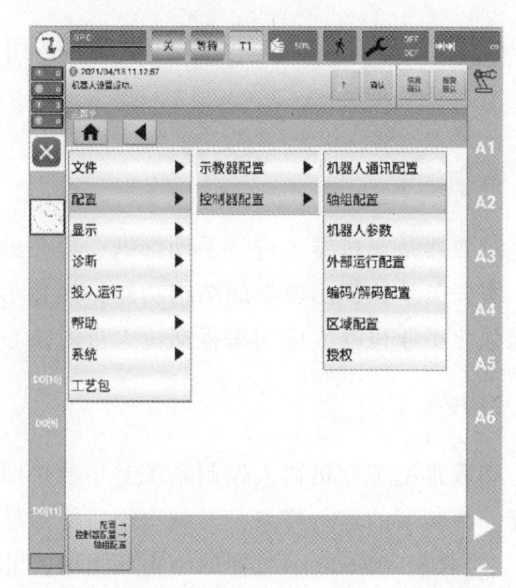

图 1-9 HSR-JR603 工业机器人示教器的操作界面

表 1-2　HSR-JR603 工业机器人示教器控制系统界面的名称及功能

序号	名称	功能说明
1	信息提示计数器	显示各种信息类型的等待处理信息条数
2	状态栏	显示当前加载的程序、使能状态、程序状态、运行模式、倍率、程序运行方式、工具与工件号和增量模式
3	信息窗口	根据默认设置只显示最后一个信息提示。“信息确认”按钮用于确认除错误信息以外的信息“报警确认”按钮用于确认所有报警信息，“?”按钮用于显示当前信息详情
4	“坐标系状态”按钮	用于坐标系的选择与切换
5	点动运行提示栏	如果选择与轴相关的运行，则显示轴号（如 A1、A2、A3、A4、A5、A6）；如果选择笛卡儿坐标系运行，则显示坐标系的方向（如 X、Y、Z、A、B、C）
6	“自动倍率修调”按钮	自动、外部运行倍率调节
7	“手动倍率修调”按钮	手动运行倍率调节
8	操作菜单栏	用于程序文件的相关操作
9	“网络状态”按钮	红色为“网络连接错误” 黄色为“网络连接成功”，但控制器初始化未完成 绿色为“网络初始化成功”，即控制器连接正常，可控制机器人运动
10	“时钟”铵钮	单击“时钟”按钮，可显示系统时间和当前系统的运行时间

【任务实施】

工业机器人通信及软限位设置

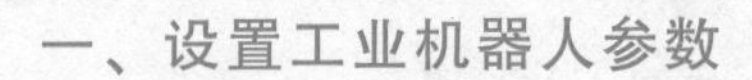

1. 设置工业机器人权限为操作人员用户

在华数 HSpad 系统中，不同的用户具有不同的权限。用户权限设置的步骤如下：

1）在主菜单中选择“配置”→“示教器配置”→“用户组”命令，如图 1-10a 所示。

2）在“请选择用户组:”选项区域中单击“Normal”按钮，再单击“标准”按钮确认选择，如图 1-10b 所示。

3）若需要修改用户的密码，则选中该用户，单击“密码”按钮。一般情况下不建议执行该操作。

华数 HSpad 系统用户名称及权限见表 1-3。

2. 设置工业机器人示教器与控制通信连接

在华数 HSpad 系统中，只有“Super”（超级权限用户）才有权限设置示教器与控制通信的连接。具体设置的步骤如下：

1）在图 1-10b 所示界面中单击“Super”按钮。

2）在主菜单中选择“配置”→“控制器配置”→“机器人通信配置”命令，如图 1-11a 所示。

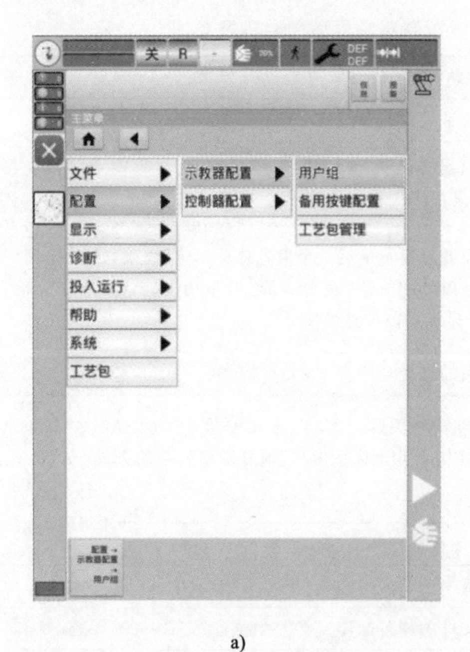

a)

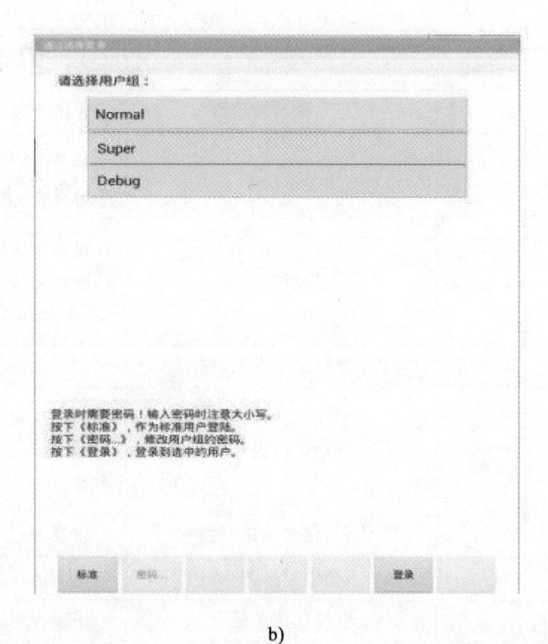

b)

图 1-10　设置工业机器人权限为操作人员用户

表 1-3　华数 HSpad 系统用户名称及权限一览表

系统用户组	名称	权限	保护
Normal	操作人员用户组	新启动默认操作权限	无
Super	超级权限用户	所有功能的使用权限	默认密码为“hspad”
Debug	调试人员用户组	部分调试功能的使用权限	默认密码为“hspad”

3）输入控制器 IP 和端口信息后单击“保存”按钮，如图 1-11b 所示。

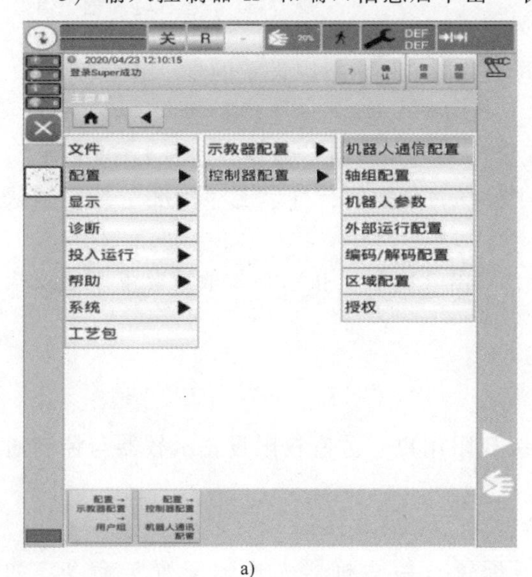

a)

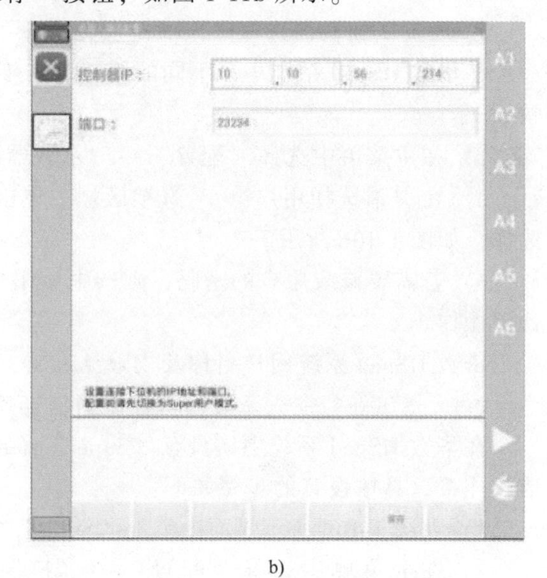

b)

图 1-11　设置工业机器人通信连接

4）在主菜单中选择“系统”→“重启示教器”命令或滑动关闭 App，再手动打开“HSC3-HSpad”。

3. 升级工业机器人控制系统

HSpad 系统的“Super”用户可以通过示教器对控制系统进行清理、重启和升级处理。具体操作步骤如下：

1）在主菜单中选择“系统”→“报警语言”命令。

2）在主菜单中选择“系统”→“清理系统”命令，在弹出的界面中单击“确定”按钮完成清理。

3）在主菜单中选择“系统”→“系统升级”命令，如图 1-12a 所示。在“选择升级文件”界面中选择后缀名为 tar. gz 的升级文件，单击“发送更新包”按钮，如图 1-12b 所示。

4）切断电源，待 3min 后重新启动控制系统。

a)

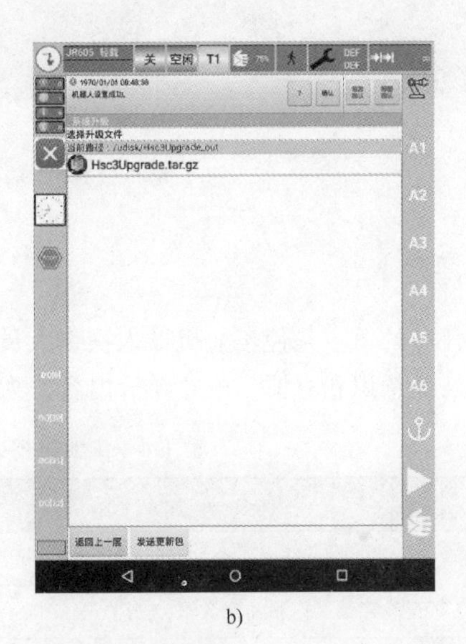

b)

图 1-12　升级 HSR-JR603 工业机器人控制系统

二、管理工业机器人考证程序文件

操作人员可以利用示教器导航器管理程序和所有系统相关的文件。管理步骤如下：

1）在文件夹“HCH0101”中新建工业机器人考证程序“HCH0101. PRG”，如图 1-13 所示。

2）锁定/取消锁定程序“HCH0101. PRG”。本操作需要在“Super”超级权限用户下方可操作，解锁初始密码为“hspad”，如图 1-14 所示。

3）备份考证程序“HCH0101. PRG”和寄存器文件至 U 盘根目录。

操作人员可通过备份操作将考证程序保存在 U 盘或默认路径“SD/HSpad/program/”中，“Su-

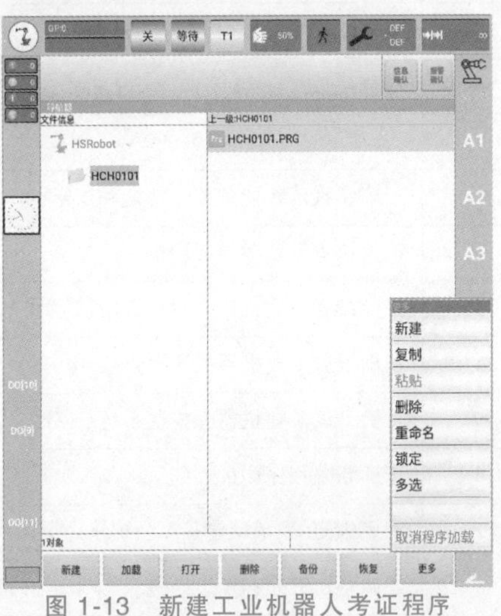

图 1-13　新建工业机器人考证程序“HCH0101. PRG”

per”超级权限用户可以手动输入备份和还原的路径。操作方法：在主菜单中选择“文件”→“备份还原设置”命令。

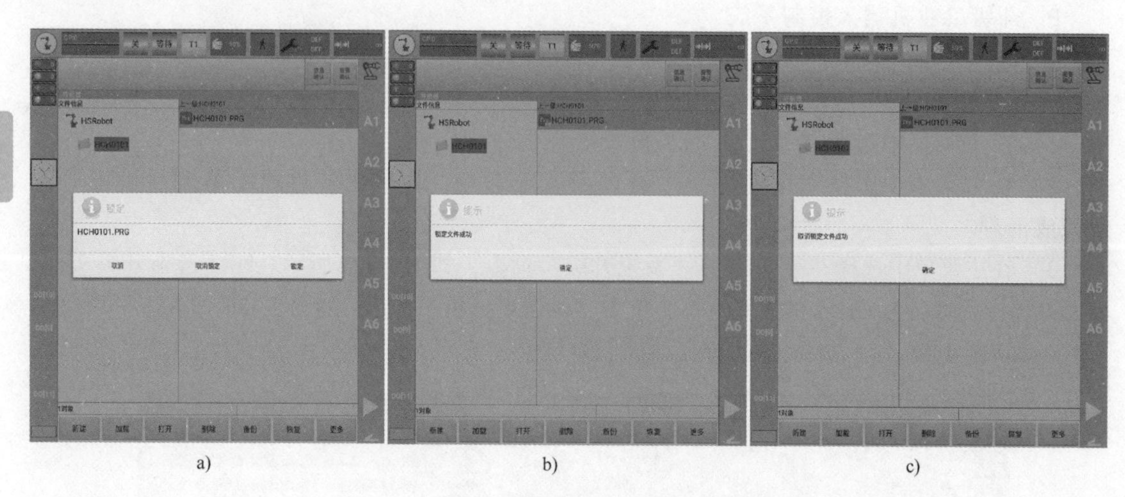

图 1-14 锁定/取消锁定程序“HCH0101. PRG”

【任务评价】

本任务的重点是使工业机器人操作人员能熟练操作示教器，合理设置常用参数，培养其安全操作规范意识和习惯。任务评价内容分为职业素养和技能操作两部分，具体要求见表 1-4。

表 1-4 工业机器人参数设置任务考核评价表

序号	评价内容	是/否完成	得分
职业素养(30 分)			
1	正确穿戴工作服和安全帽(5 分)		
2	爱护设备(5 分)		
3	规范使用示教器(15 分)		
4	器材摆放符合 8S 要求(5 分)		
技能操作(70 分)			
1	正确掌握示教器各按钮功能(10 分)		
2	正确认识示教器界面(10 分)		
3	正确设置工业机器人用户权限(5 分)		
4	正确设置工业机器人通信连接(10 分)		
5	正确升级工业机器人控制系统(5 分)		
6	正确新建程序(10 分)		
7	正确锁定/取消锁定程序(10 分)		
8	正确备份程序(10 分)		
综合评价			

任务三 工业机器人的零点校准

【任务描述】

本任务通过手动操作机器人以单轴校准移动方式进行零点校准的任务训练，提升工业机器人应用编程人员对示教器操作界面的熟悉程度，提高其熟练控制工业机器人运动的操作技能水平，为机器人示教编程奠定基础。

【任务实施】

工业机器人的手动操作

一、手动单轴移动工业机器人

手动运行 HSR-JR603 工业机器人分为两种方式：一种是每个关节均可以独立地做正、反方向运动，这种运动是与轴相关的运动，称为关节坐标轴运动；另一种是工具中心点（Tool Center Point，TCP）沿着笛卡儿坐标系做正、反方向运动，称为笛卡儿坐标轴运动。

使用示教器右侧的点动按钮可手动操作机器人进行关节坐标轴运动或笛卡儿坐标轴运动。机器人的运行模式有两种：手动模式和自动模式。手动操作机器人应在手动模式下进行，而手动模式又有 T1 和 T2 两种类型，如图 1-15 所示。

机器人默认速度：T1 模式下为 125mm/s，T2 模式下为 250mm/s，自动模式下为 1000mm/s。

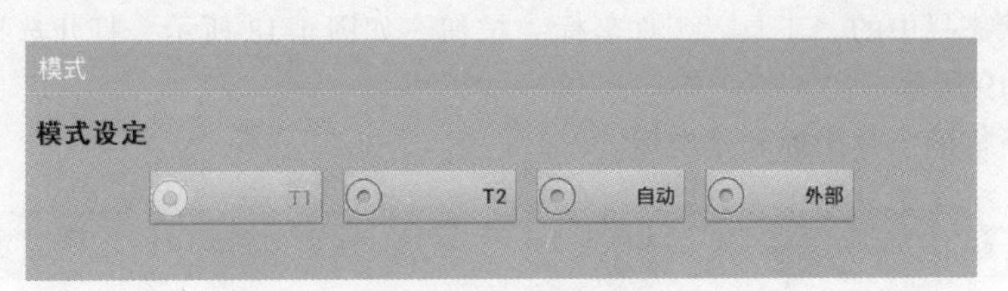

图 1-15 运行模式

1. 手动倍率的设定

手动倍率表示手动模式下运行机器人的速度倍率修调值。它以百分数表示，以机器人在手动运行时的最大可能速度为基准。具体操作步骤如下：

1）单击状态栏中的“倍率”按钮，如图 1-16 所示，打开倍率“调节量”界面，如图 1-17 所示，按下相应按钮或拖动相应滑块可调节倍率大小。

图 1-16 状态栏中的“倍率”按钮

2）手动倍率可使用“调节量”界面上的“+”“-”按钮来设定，也可使用示教器右侧的手动倍率正负调节按钮来设定。

“调节量”界面上的“+”“-”按钮可以 100%、75%、50%、30%、10%、3%和 1%步

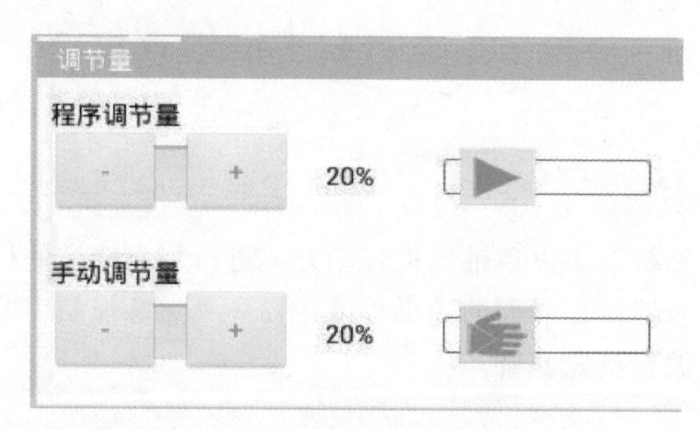

图 1-17 倍率“调节量”界面

距为单位进行设定。

示教器右侧的手动倍率正负调节按钮可以 1%步距为单位进行设定。

3）再次单击状态栏中的“倍率”按钮（或单击调节量界面外的区域），返回主界面并应用所设定的倍率。

注意：若当前为手动方式，状态栏只显示手动倍率修调值；若当前为自动方式，状态栏显示自动倍率修调值。单击“倍率”按钮后，界面中的手动倍率修调值和自动倍率修调值均可设置。

2. 工具坐标和基坐标的选择

HSR-JR603 机器人控制系统中最多可以储存 16 个工具坐标系和 16 个基坐标系。选择坐标的操作步骤如下：

1）单击状态栏中的“工具、工件坐标”按钮，如图 1-18 所示，打开选择基坐标/工具界面，如图 1-19 所示。

2）选择所需的工具坐标和基坐标。

图 1-18 状态栏中的“工具、工件坐标”按钮

3. 运用点动按钮执行轴相关的移动

在手动模式（T1 或 T2）下，可用示教器右侧的点动按钮进行与轴相关的移动，操作步骤如下：

1）单击主界面的“坐标系状态”按钮，选中“轴坐标系”单选项。界面在点动运行按钮旁对应显示“A1”~“A6”，如图 1-20 所示。

2）设置手动倍率为 30%。

3）将安全开关置于中间位置，此时“使能”处于打开状态。

4）按示教器上的正或负点动按钮，使机器人轴朝正方向或反方向运动。

图 1-19 选择基坐标/工具界面

注意：机器人在运动时的轴坐标位置可以通过主菜单中的“显示”→“实际位置”命令进行查看。若显示的是笛卡儿坐标，可单击右侧“轴相关”按钮进行切换。

4. 运行方式按笛卡儿坐标移动

在手动模式（T1 或 T2）时，可用示教器右侧的点动按钮按笛卡儿坐标移动，操作步骤如下：

1）单击主界面的“坐标系状态”按钮，选中“世界坐标系”单选项，界面在点动按钮旁对应显示“X”“Y”“Z”“A”“B”“C”按钮，如图 1-21 所示，其中“X”“Y”“Z”用于沿选定坐标系的轴做线性运动；“A”“B”“C”用于沿选定坐标系的轴做旋转运动。

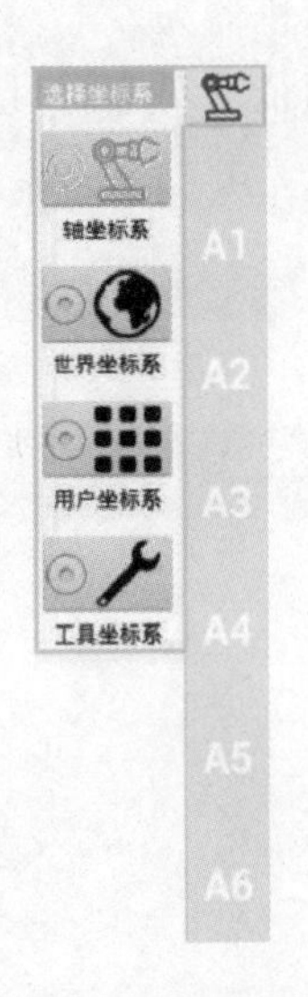

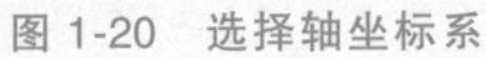

图 1-20　选择轴坐标系

图 1-21　选择世界坐标系

2）设置手动倍率。

3）将安全开关置于中间位置，此时“使能”处于打开状态。

4）按示教器上的正或负点动按钮，以使机器人朝正方向或反方向运动。

注意：当机器人在运动过程中出现因两条轴线共线导致自由度减少时，机器人会发出奇异点报警，此时控制系统的坐标运算为无穷大。若出现奇异点报警，则应操作机器人在轴坐标下避开奇异点，清除报警后再操作机器人。

5. 增量式手动运行模式

增量式手动运行模式可使机器人按照设定的距离移动。运行时可以用点动按钮设置增量式手动运行模式（T1 或 T2）的参数。各参数含义见表 1-5。

增量式手动运行模式的特点如下：

1）以同等间距进行点的定位。

2）从一个位置移出所定义距离。

3）使用测量表调整。

表 1-5 增量式手动运行模式的参数含义

参数名称	含义	说明
持续的	已关闭增量式手动移动	
100mm/10°	1 增量 = 100mm 或 10°	增量单位为 mm,适用于笛卡儿坐标运动 增量单位为“°”,适用于轴相关运动
10mm/3°	1 增量 = 10mm 或 3°	
1mm/1°	1 增量 = 1mm 或 1°	
0.1mm/0.005°	1 增量 = 0.1mm 或 0.005°	

在手动运行模式（T1 或 T2）时，增量式手动运行模式的操作步骤如下（图 1-22）：

1）单击状态栏的“增量模式”按钮，打开增量式手动移动界面，选择增量移动方式。

2）采用笛卡儿坐标或与轴相关的模式，使用点动按钮运行机器人。

若机器人已配置附加轴 E1、E2、E3…，则可使用点动按钮依次对应运行。

注意：若因未按下安全开关而使机器人的运动被中断，则在下一个动作中被中断的增量不会继续，而会从当前位置开始一个新的增量。

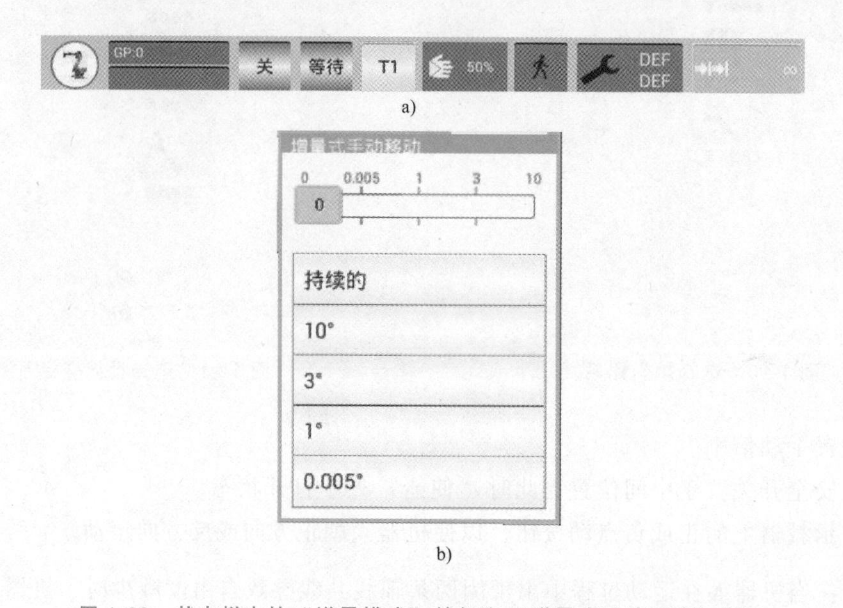

图 1-22 状态栏中的“增量模式”按钮和“增量式手动移动”界面

二、HSR-JR603 工业机器人零点校准和回参考点

1. 工业机器人零点校准操作

在出现表 1-6 所列的情况时，必须对机器人进行零点校准。

表 1-6 工业机器人需进行零点校准的情况

情况	备注
机器人投入运行前	必须零点校准,否则不能正常运行
机器人发生碰撞后	必须零点校准,否则不能正常运行

（续）

情况	备注
更换电动机或编码器后	必须零点校准,否则不能正常运行
机器人运行碰撞硬限位后	必须零点校准,否则不能正常运行

工业机器人零点校准的步骤如下：

1）在手动运行模式（T1 或 T2）下将机器人的各关节移至机械原点（不同型号机器人原点状态标志不同），如图 1-23 所示，使机器人处于图 1-24 所示的零点状态。

2）在主菜单中选择“投入运行”→“调整”→“校准”命令，打开图 1-25 所示的轴校准界面。

3）单击列表中的各个参数，弹出输入框，如图 1-26 所示。输入机器人各轴的初始位置（机器人 1~6 轴的初始位置分别为 0，-90，180，0，90，0）。

4）单击“保存校准数据”按钮，保存数据，保存状态会在状态栏中显示。

图 1-23 机械原点

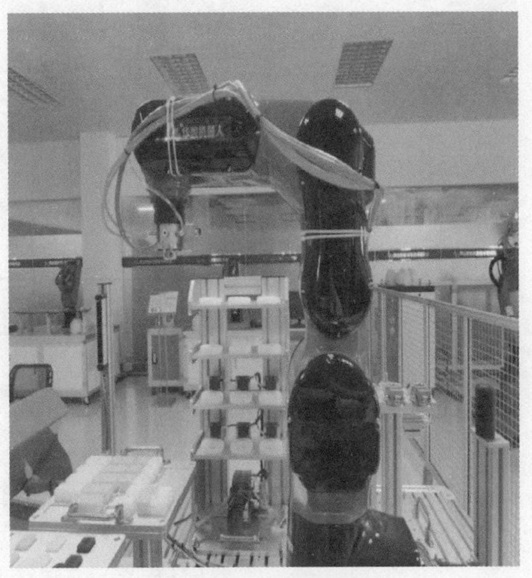

图 1-24 零点状态

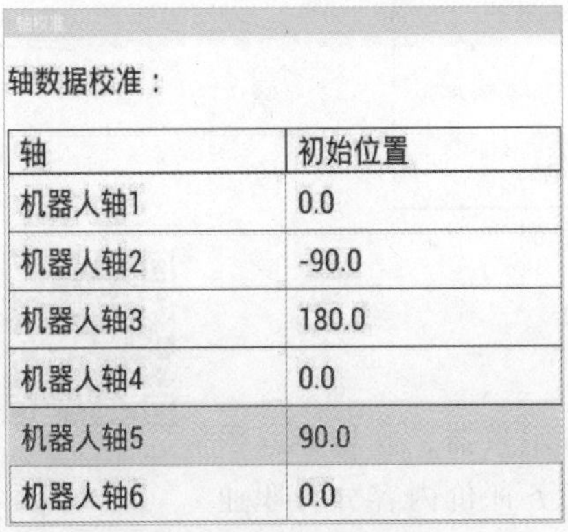

轴校准

轴数据校准：

轴	初始位置
机器人轴1	0.0
机器人轴2	-90.0
机器人轴3	180.0
机器人轴4	0.0
机器人轴5	90.0
机器人轴6	0.0

图 1-25 轴校准界面

初始位置设置

机器人轴5 90

取消 确定

图 1-26 输入框

注意：标准操作完成后，系统可能提示“重启后生效”，应重启系统。

2. 工业机器人回参考点操作

在手动运行界面下选择“显示”→“变量列表”命令，如图 1-27 所示，打开图 1-28 所示的变量概览显示界面，选择“JR［0］”，单击“修改”按钮，弹出图 1-29 所示的手动修改坐标界面。单击“关节到点”按钮，完成工业机器人回参考点操作。

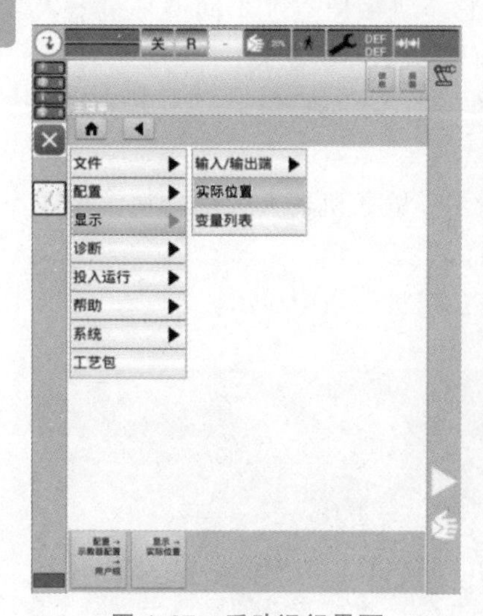

图 1-27　手动运行界面

关　R　-　20%　DEF DEF
信息　报警
变量概览显示

序号	说明	名称	值
0		JR[0]	{0.0,0.0,0.0,.
1		JR[1]	{0.0,0.0,0.0,.
2		JR[2]	{0.0,0.0,0.0,.
3		JR[3]	{0.0,0.0,0.0,.
4		JR[4]	{0.0,0.0,0.0,.
5		JR[5]	{0.0,0.0,0.0,.

+100　-100　修改　保存
UT　UF　R　JR　LR

图 1-28　变量概览显示界面

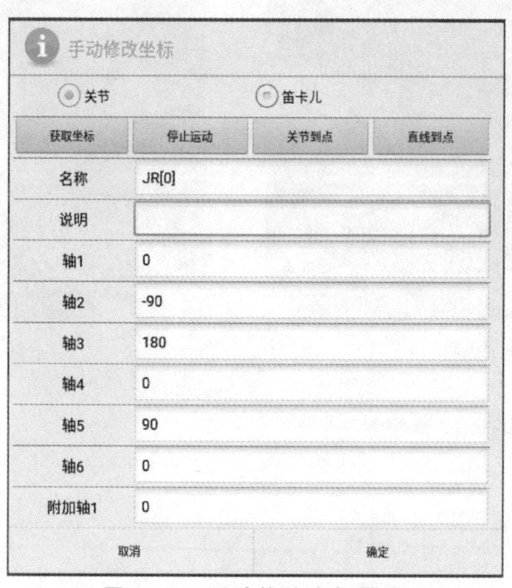

图 1-29　手动修改坐标界面

【任务评价】

工业机器人零点校准

本任务的重点是使工业机器人操作人员能熟练操作示教器，并培养其手动控制机器人进行单轴校准的操作技能和安全意识。任务评价内容分为职业素养和技能操作两部分，具体要求见表 1-7。

表 1-7　工业机器人零点校准任务考核评价表

序号	评价内容	是/否完成	得分
职业素养(30 分)			
1	正确穿戴工作服和安全帽(5 分)		
2	爱护设备(5 分)		
3	规范使用示教器(15 分)		
4	器材摆放符合 8S 要求(5 分)		
技能操作(70 分)			
1	正确手动单轴操作工业机器人(5 分)		
2	合理选择工业机器人运动方式(5 分)		
3	合理选择手动模式(5 分)		
4	合理设置手动修调倍率(5 分)		
5	正确选择工具坐标和基坐标(10 分)		
6	会查看各轴的实际位置(10 分)		
7	正确设置增量式手动运行模式的参数(10 分)		
8	正确进行工业机器人零点校准操作(10 分)		
9	正确进行工业机器人回参考点操作(10 分)		
综合评价			

工业机器人参数设置及操作模拟考核

请认真阅读操作要求并在 15min 内完成以下工作任务。

1）根据设备 8S 规范清点机器人考核设备，按照步骤完成安全开、关机检查。

2）利用示教器新建名为“XCH020+工位号”的程序，保存在“XCH+工位号”文件夹中。

3）控制机器人在手动 T2 模式下以 75%的速度移动机器人各关节到机械原点，然后在表 1-8 中记录机器人各轴的初始位置，分析机械零点与轴初始位置数值相似但不同的原因。

表 1-8　机械零点与轴初始位置登记表

数值	A1	A2	A3	A4	A5	A6
机械零点						
轴初始位置						
数值不同原因						

任务考核评价表见表 1-9。

表 1-9　任务考核评价表

序号	评价内容	是/否完成	得分
职业素养(50 分)			
1	正确穿戴工作服和安全帽(10 分)		
2	规范使用工、量具(10 分)		
3	规范使用示教器(20 分)		
4	器材摆放符合 8S 要求(10 分)		
技能操作(50 分)			
1	工业机器人的安全开、关机(5 分)		
2	用户权限、备份等参数的设置(10 分)		
3	使用示教器完成手动单轴运行(10 分)		
4	使用示教器完成各轴校准操作(10 分)		
5	使用示教器完成各轴回参考点操作(15 分)		
综合评价			

项目二 工业机器人绘图操作与编程

【项目描述】

本项目由工业机器人绘图平台准备，工业机器人绘图示教编程，工业机器人绘图程序的运行调试三个任务组成。通过对相关内容的介绍，读者应理解工业机器人坐标系建立的意义，会利用示教器在线编写直线、圆弧等运动指令程序，具备安全手动操作机器人完成绘图作业的应用编程与运行维护的能力。本项目的工作任务及职业技能点如图 2-1 所示。

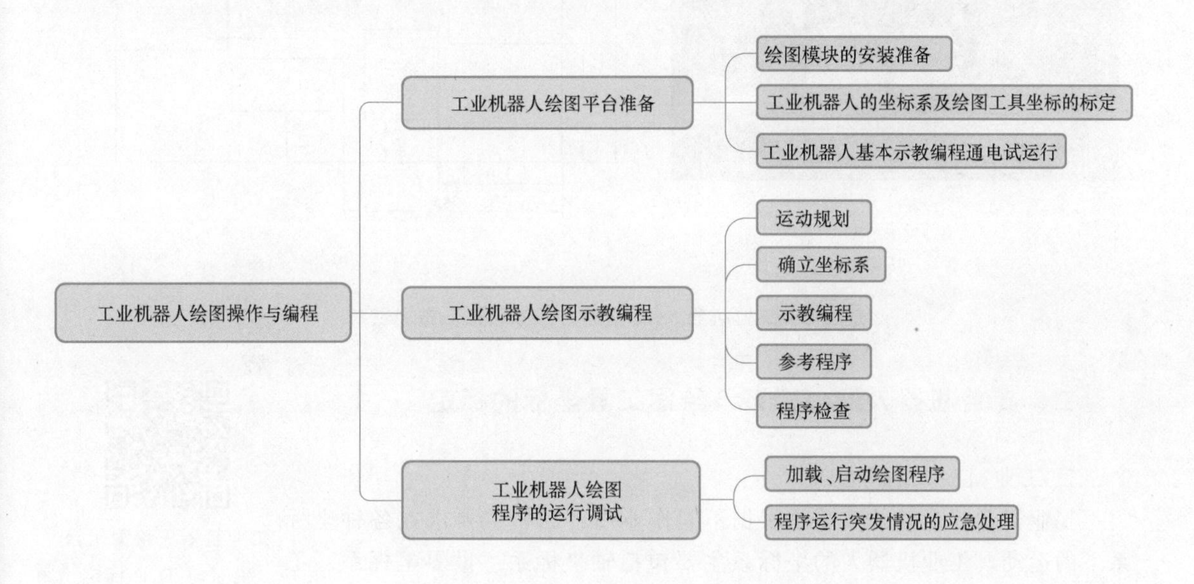

图 2-1　工业机器人绘图操作与编程工作任务及职业技能点

任务一　工业机器人绘图平台准备

工业机器人绘图平台外部配有无须信息交互的平面、曲面绘图模块，绘图笔工具和标定工件模块。通过合理布局可实现工具坐标的标定、机器人平/斜面绘图及曲面编程等操作。

【任务描述】

本任务将介绍工业机器人绘图模块的选择与安装，气路连接的安装与调试，机器人工具坐标的标定三部分内容，为使用机器人进行基本绘图示教编程做准备。

【任务实施】

一、绘图模块的安装准备

综合考虑初级考证的任务要求和工业机器人的安全工作范围，将绘图模块、标定工件模块、绘图笔工具和气源安装在设备实训平台上，任务布局及尺寸如图 2-2 所示。

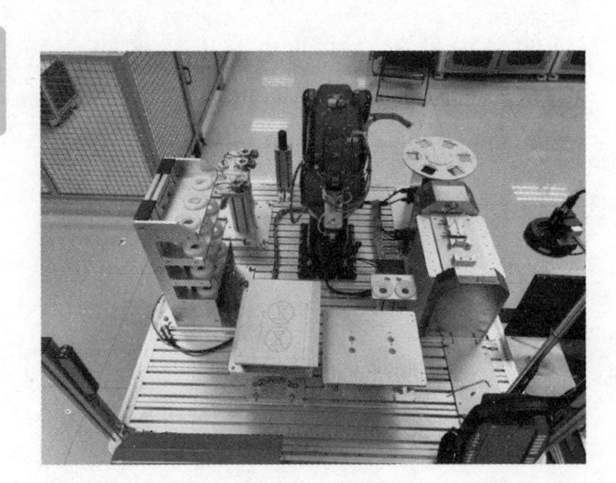

a)

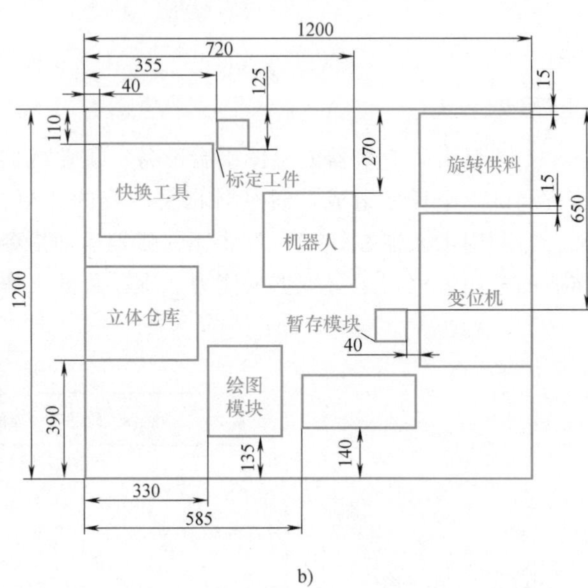

b)

图 2-2 工业机器人平/斜面绘图考核任务布局及尺寸

二、工业机器人的坐标系及绘图工具坐标的标定

工业机器人绘图平台安装与 TCP 标定

1. 工业机器人的坐标系

工业机器人运动的实质是根据不同作业内容和轨迹要求在各种坐标系下的运动。工业机器人的坐标系主要包括轴坐标系、世界坐标系、工件坐标系（基坐标系）和工具坐标系等。机器人默认坐标系是一个笛卡儿坐标系，位于机器人底部，如图 2-3 所示。它可以根据世界坐标系说明机器人的位置。

工业机器人坐标系认知

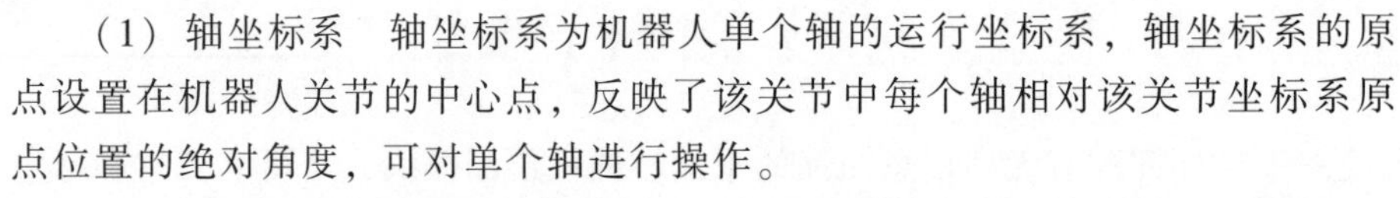

（1）轴坐标系　轴坐标系为机器人单个轴的运行坐标系，轴坐标系的原点设置在机器人关节的中心点，反映了该关节中每个轴相对该关节坐标系原点位置的绝对角度，可对单个轴进行操作。

（2）世界坐标系　世界坐标系是一个固定的笛卡儿坐标系。在默认配置中，世界坐标系与机器人默认坐标系是一致的。

（3）工件坐标系（基坐标系）　工件坐标系是一个笛卡儿坐标系，用来说明工件的位置。工件坐标系与机器人默认坐标系是一致的。修改工件坐标系后，机器人即按照设置的坐标系运动。

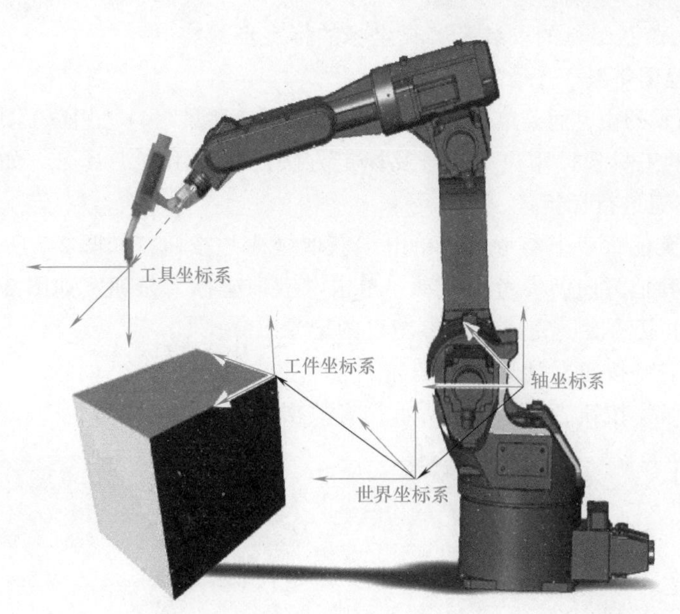

图 2-3 工业机器人坐标系

（4）工具坐标系 工具坐标系是一个笛卡儿坐标系，位于工具的工作点中。在默认配置中，工具坐标系的原点在法兰中心点上。工具坐标系由用户移入工具的工作点。

2. 工业机器人工具中心点的标定

工具坐标系是机器人运动的基准。工业机器人的工具坐标系是由工具中心点（Tool Center Point，TCP）与坐标方位组成的。机器人运动前，必须标定 TCP，并且在更换机器人夹具时需要重新定义 TCP，否则会影响机器人的稳定运行。工业机器人系统自带的 TCP 与法兰中心点重合，XY 平面绑定在机器人第六轴的法兰平面上，垂直方向为 Z 轴，三个轴的方向符合右手法则，此时工业机器人的 TCP 就在法兰中心点上。

前面介绍的 TCP 是跟随机器人本体一起运动的，也可以将 TCP 定义为机器人本体以外静止的某个位置，又称外部 TCP。外部 TCP 常应用在涂胶上，胶枪嘴静止不动，而机器人抓取工件移动。

下面以 4 点法为例介绍标定工业机器人 TCP 的方法。要测量的工具已安装在机器人末端，将运行模式切换到手动 T1 模式。将待测量工具的 TCP 从四个不同方向移向一个参考点。参考点可以任意选择。机器人控制系统从不同的法兰位置值中计算出 TCP。运动到参考点所用的四个法兰位置必须分散开足够的距离，如图 2-4 所示。

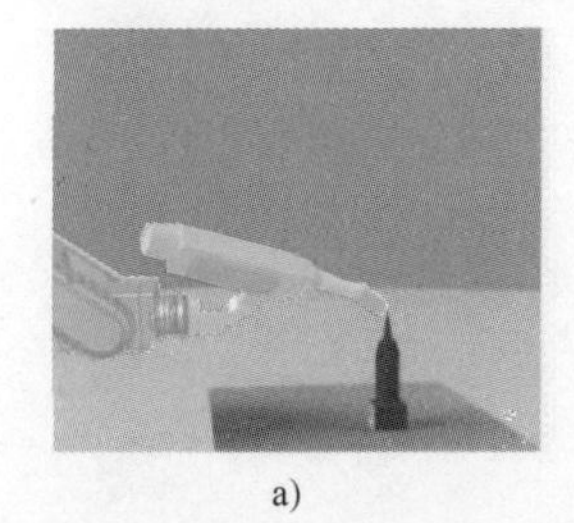
a)

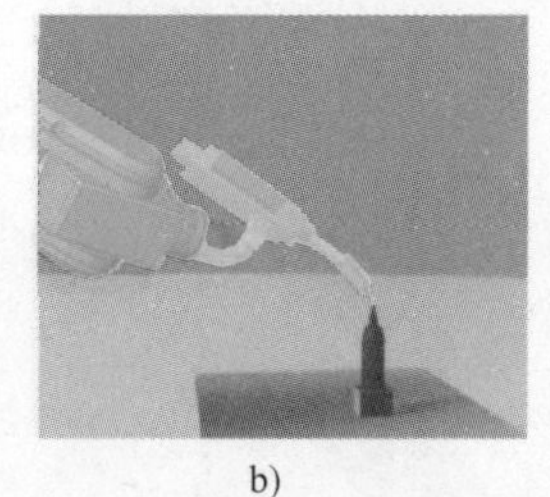
b)

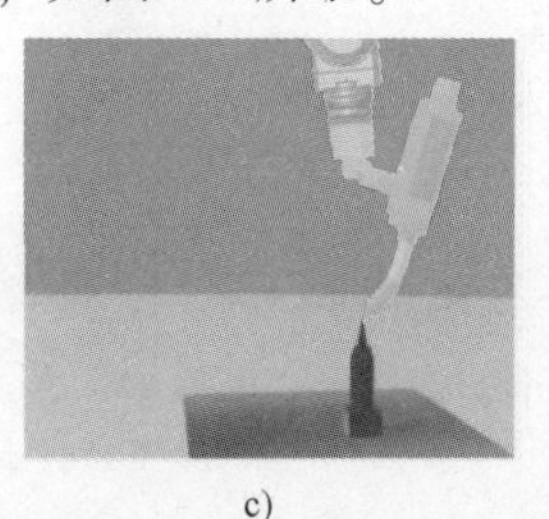
c)

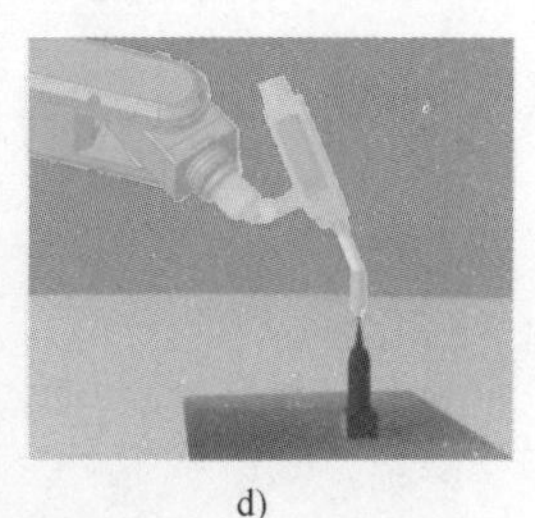
d)

图 2-4 4 点法标定 TCP 示意图

3. 工业机器人绘图工具的安装及工具坐标的标定步骤

1）手动安装绘图工具。

2）在图 2-5 所示的主界面菜单中选择“投入运行”→“测量” → “用户工具标定” 命令。

3）为待测量的工具选择用户工具号及标定方法，输入用户工具名，如图 2-6 所示。单击“开始标定” 按钮进行标定。

4）将 TCP 移至任意一个参考点，单击“获取坐标” 按钮，如图 2-7 所示。

5）将 TCP 从其他方向朝参考点移动，单击“获取坐标” 按钮，如图 2-8 所示。

6）将步骤 4 重复两次，完成其余参考点的记录。

7）单击“标定” 按钮，计算标定坐标。

8）单击“保存” 按钮，如图 2-9 所示，将数据保存，关闭窗口。

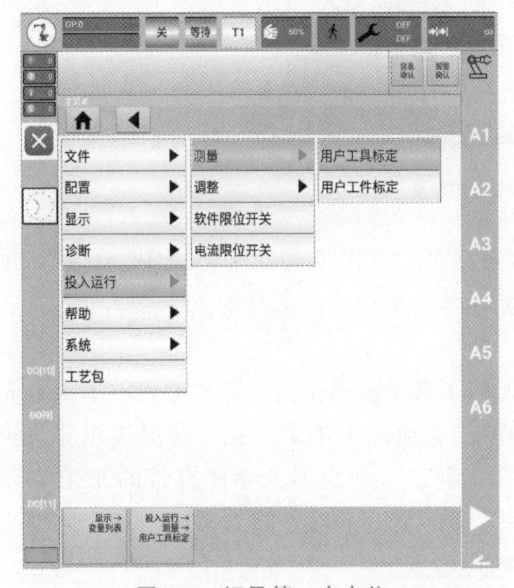

图 2-5 记录第一个点位

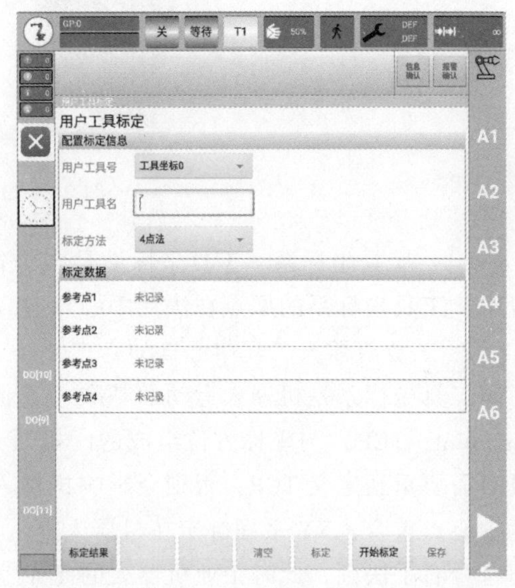

图 2-6 记录第二个点位

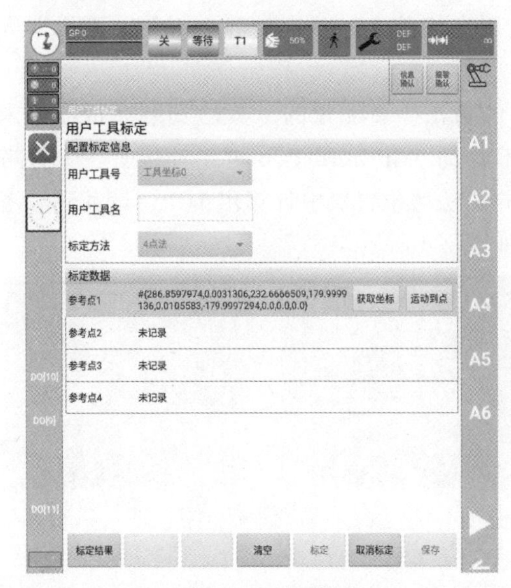

图 2-7 运行菜单

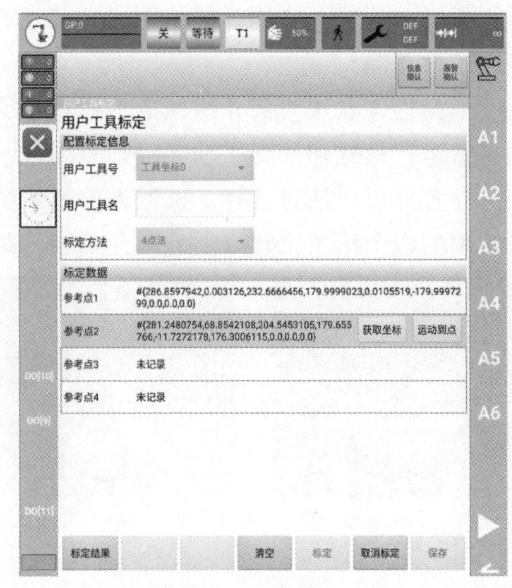

图 2-8 工具号输入

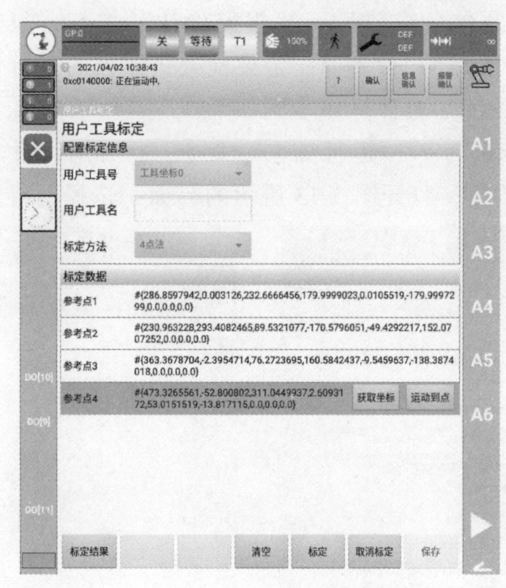

图 2-9　保存校准

基坐标 3 点法标定

三、工业机器人基本示教编程通电试运行

1. 工业机器人系统的通电、通气检测试运行

工业机器人系统由工业机器人、外围的电气控制部分和气路控制部分组成。在执行操作前，对系统整体的电路、气路的通断进行相应的检查试运行。具体通气、通电检测的流程如下（图 2-10）：

1）工具准备及设备目视化清点，确认机器人与控制柜、电源电缆连接是否正常。

2）安全通电检测按钮、急停按钮、传感器和控制信号的状态是否正常工作。

3）打开气泵，确保气源气压为 0.25MPa（图 2-11）；气路无漏气故障，快换夹具能够正常吸取。

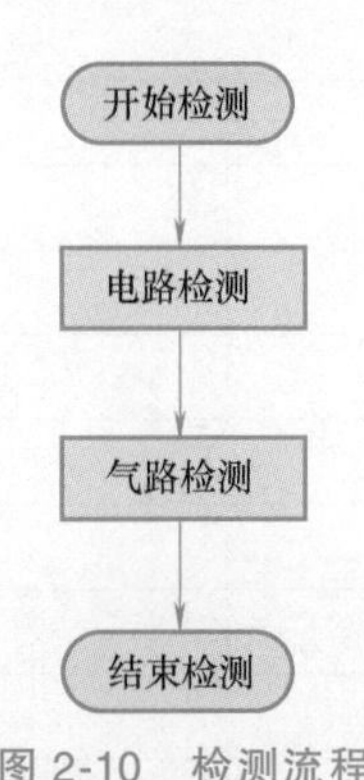

图 2-10　检测流程

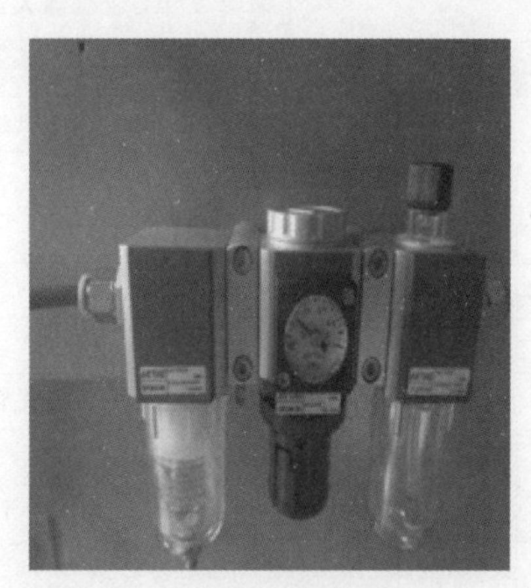

图 2-11　气源气压

2. 机器人安全开、关机及运行日志检查

当工业机器人出现碰撞报警、电池电量偏低、急停按钮被按下、机器人姿态出现奇异点

等情况时，都会在示教器的信息窗口显示“报警确认”按钮，只有清除所有报警信息后，才能正常操作机器人。因此，使用设备前一定要检查机器人的运行日志，了解机器人的前期运行记录，防止出现意外故障。具体操作步骤如下：

1）在主菜单选择“诊断”→“运行日志”命令，打开运行日志界面，如图 2-12 所示。

2）单击“过滤器”按钮，打开图 2-13 所示的界面，选择运行日志的类型和级别。

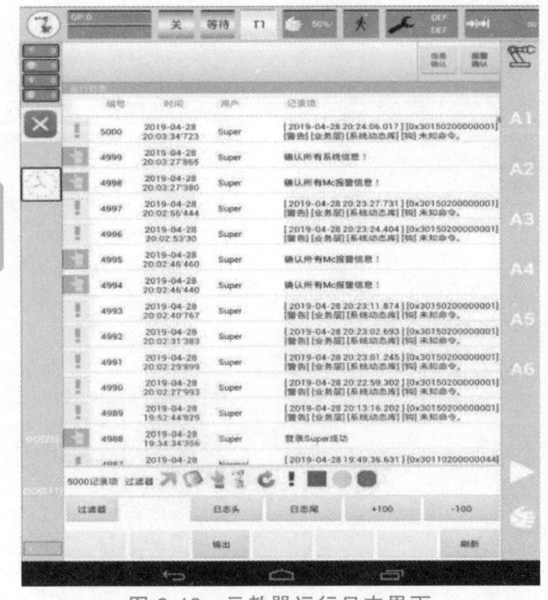

图 2-12　示教器运行日志界面

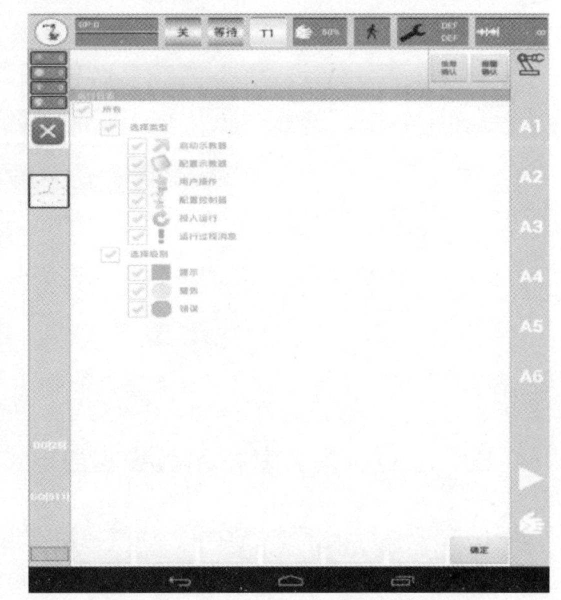

图 2-13　选择运行日志的类型和级别

【任务评价】

本任务的重点是培养工业机器人操作人员的职业素养与技能水平。任务评价内容分为职业素养和技能操作两部分，具体要求见表 2-1。

表 2-1　工业机器人绘图平台准备任务考核评价表

序号	评价内容	是/否完成	得分
职业素养(50 分)			
1	正确穿戴工作服和安全帽(5 分)		
2	安全规范使用工、量具(20 分)		
3	规范使用示教器(20 分)		
4	器材摆放符合 8S 要求(5 分)		
技能操作(50 分)			
1	工业机器人的安全开、关机(5 分)		
2	正确安装绘图模块(10 分)		
3	正确进行绘图工具坐标系的标定(20 分)		
4	正确完成工业机器人通电试运行(10 分)		
5	完成工业机器人运行日志的检查(5 分)		
综合评价			

任务二　工业机器人绘图示教编程

【任务描述】

本任务介绍使用机器人绘制“华”字的方法，要求工业机器人操作人员掌握运动指令的使用方法，熟悉进给速度、定位路径的设置方法；能够明确任务要求并正确规划运动路径；能够熟练进行新建、保存和修改程序。

【知识准备】

一、运动指令

运动指令是机器人示教时最常用的指令，它以指定速度和特定路线等模式将工具从一个位置移动到另一个指定位置。使用运动指令时，需指定以下几项内容：

1）动作类型：通过指定不同的运动方式来控制到达指定位置的运动路径。机器人的运动指令有三种：点位之间的快速定位指令（J）、直线运动指令（L）和圆弧指令（C）。指令说明见表 2-2。

表 2-2　工业机器人的运动指令说明

运动指令	指令说明	动作图示
快速定位指令(J)	J 指令以单个轴或某组轴(机器人组)的当前位置为起点,移动某个轴或某组轴(机器人组)到目标点位置。移动过程不进行轨迹以及姿态控制,即关节运动	P[1] P[2]
直线运动指令(L)	L 指令以机器人当前位置为起点,控制其在笛卡儿坐标空间范围内进行直线运动,常用于对轨迹控制有要求的场合。该指令的控制对象只能是“机器人组”	P[1] P[2]
圆弧指令(C)	C 指令以当前位置为起点,CIRCLEPOINT 为中间点,TARGETPOINT 为目标点,控制机器人在笛卡儿坐标空间范围内进行圆弧轨迹运动(三点成一个圆弧),同时附带姿态的插补	P[2] P[1] P[3]

2）位置数据：指定运动的目标位置。

3）进给速度：指定机器人运动的进给速度。

4）定位路径：指定相邻轨迹的过渡形式。

运动指令编辑框如图 2-14 所示，图中各按钮的含义见表 2-3，运动指令在程序中的操作步骤见表 2-4。

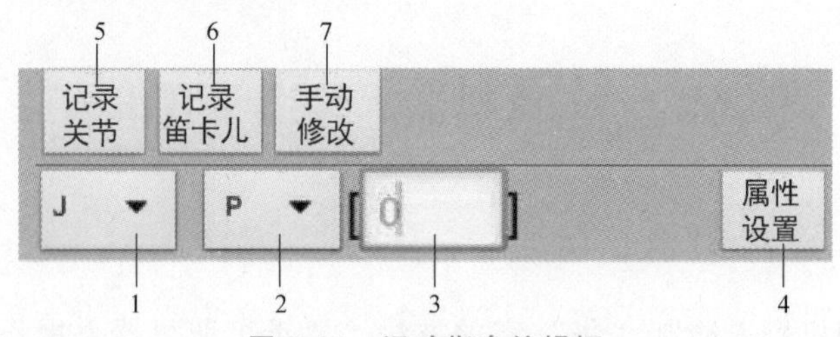

图 2-14 运动指令编辑框

表 2-3 运动指令编辑框各按钮含义

序号	说 明
1	选择指令，可选择 J、L、C 三种指令。当选择 C 指令时，会弹出两个点用于记录位置
2	新记录的点的名称，单击此按钮可记录关节或笛卡儿坐标
3	可通过新建一个 JR 寄存器或 LR 寄存器保存新增点的值，可在变量列表中查找相关值，便于以后通过寄存器使用该点位值
4	参数设置，可在参数设置界面中添加/删除点对应的属性，在编辑参数后，单击“确认”按钮，将该参数对应到该点
5	将新记录的点赋值为关节坐标值
6	将新记录的点赋值为笛卡儿坐标值
7	单击此按钮将打开一个修改坐标界面，可手动修改坐标值

表 2-4 运动指令在程序中的操作步骤

快速定位指令(J)	直线运动指令(L)	圆弧指令(C)
1)标定需要插入行的上一行 2)选择“指令”→“运动指令”→“J”命令 3)选择机器人轴或附加轴 4)输入点位名称，即新增的点的名称 5)配置指令的参数 6)手动移动机器人到需要的形位 7)选中输入框后，单击“记录关节”按钮 8)单击操作栏中的“确定”按钮，完成 J 指令的添加 指令格式： J P[1] VEL = 50 ACC = 100 DEC = 100	1)标定需要插入行的上一行 2)选择“指令”→“运动指令”→“L”命令 3)选择机器人轴或附加轴 4)输入点位名称，即新增的点的名称 5)配置指令的参数 6)手动移动机器人到需要的形位 7)选中输入框后，单击“记录笛卡儿”按钮 8)单击操作栏中的“确定”按钮，完成 L 指令的添加 指令格式： L P[1] VEL = 100 ACC = 60 DEC = 60	1)标定需要插入行的上一行 2)选择“指令”→“运动指令”→“C”命令 3)选择机器人轴或附加轴 4)单击第一个位置点输入框，移动机器人到需要的姿态点或轴位置，单击“记录关节”或“记录笛卡儿”按钮，完成圆弧第一个点的记录。单击第二个位置点输入框，重复上述操作，记录圆弧目标点 5)配置指令的参数 6)单击操作栏中的“确定”按钮，完成 C 指令的添加 指令格式： C P[1] P[2] VEL = 600 ACC = 100 DEC = 100

工业机器人运动指令应用编程

二、运动参数

运动指令的运动参数见表 2-5。

表 2-5　运动指令的运动参数

名称	说明	名称	说明
VEL	速度	CNT	平滑系数
ACC	加速比	VROT	姿态速度
DEC	减速比		

【任务实施】

完成绘图程序的示教编程，需经过四个环节，包括运动规划、示教前的准备、示教编程及程序检查。工业机器人示教编程工作流程如图 2-15 所示。

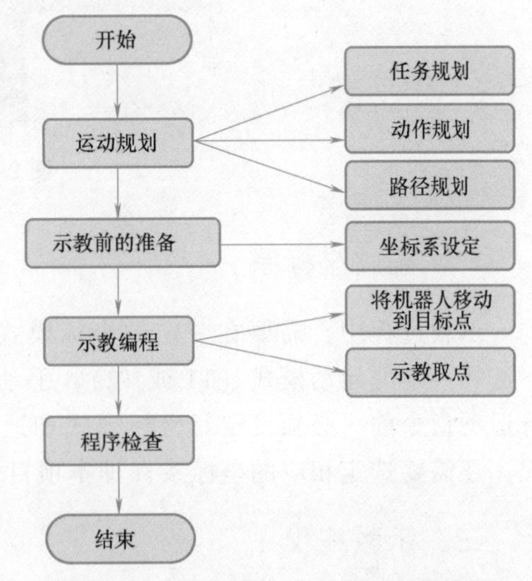

图 2-15　工业机器人示教编程工作流程

编程前需要进行运动规划。运动规划是分层次的，按照层次由高到低依次为任务规划、动作规划和手部的路径规划。任务规划将任务分解为一系列子任务；动作规划将每一个子任务分解为一系列动作；路径规划将每一个动作分解为手部的运动轨迹。

示教需要调试好工具和工件，并设定工具坐标系和工件坐标系，具体的操作内容已在本项目的任务一中进行介绍，此处不再赘述。程序编制完毕后必须进行测试，测试完成后才能将程序用于绘制“华”字。

工业机器人绘图程序自动运行

一、运动规划

1. 动作规划

机器人绘图动作可分解成落笔准备、落笔和提笔等一系列动作，也可以进一步分解为：移笔到绘图板上方安全位置、移动贴近绘图板、落笔在绘图板上以及提笔到安全位置等一系列动作。

2. 路径规划

路径规划是对工业机器人的动作轨迹进行规划，从安全点到过渡点，再从过渡点到落笔上方过渡点，从落笔点到提笔点，最后提笔到安全高度并回到安全点。这是对工业机器人规划的一个流程。机器人绘制“华”字时，可按 3～23 的顺序拾取点位，按图 2-16 所示的路径绘制直线和圆弧。

其中，点 1 为安全点，点 2 为落笔上方过渡点，点 6、8、12、18、21 为提笔过渡点，点 24 为提笔到安全高度。

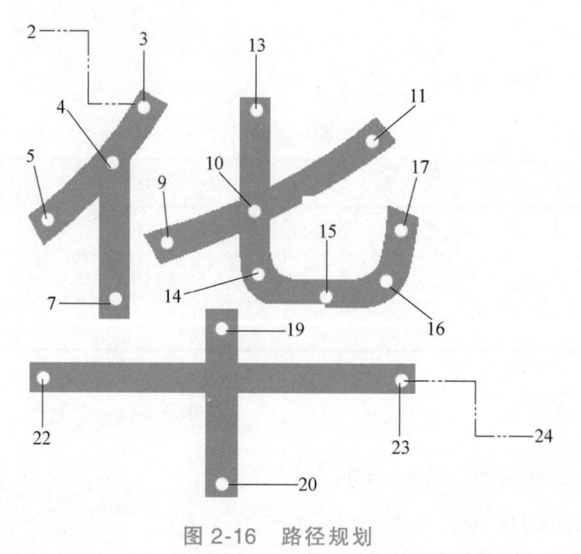

图 2-16 路径规划

二、确立坐标系

示教过程中，需要在一定的坐标模式（关节坐标、世界坐标、工件坐标或工具坐标）下选择一定的运动模式（T1 或 T2），手动控制机器人到达某一位置。因此，在示教编程执行运动指令前，必须设定好坐标模式和运动模式。如果坐标模式为工具坐标或工件坐标模式，还需要选定相应的坐标系（即本项目任务一中设置或标定的坐标系）。

三、示教编程

为实现写字功能，在完成任务规划、动作规划和路径规划后，即可确定写字板放置区的位置，开始对机器人写字进行示教编程。即利用工业机器人的手动控制功能完成绘图动作，并记录机器人的动作。

1. 创建程序

1）在导航器界面中（图 2-17），选择要在其中创建新文件夹的文件夹，单击“新建”按钮。

2）选择新建的文件夹，输入文件夹的名称（HuiTu），如图 2-18 所示，单击“确定”按钮。

3）在目录结构图中选择要在其中创建程序的文件夹，单击“新建”按钮。

4）选择程序，输入程序名称（HuiTu，名称不能包含空格），单击“确定”按钮，完成“HuiTu”程序的创建，如图 2-19 所示。

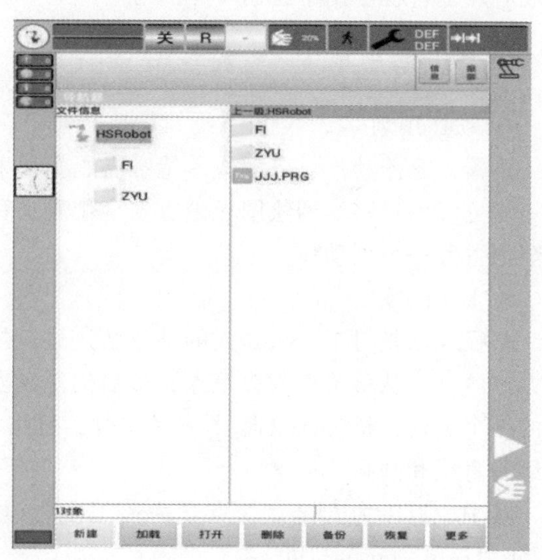

图 2-17 导航器界面

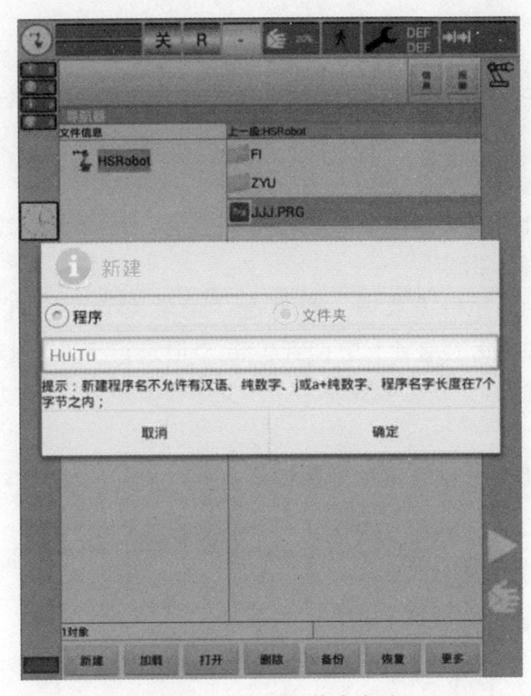

图 2-18　输入文件夹名称

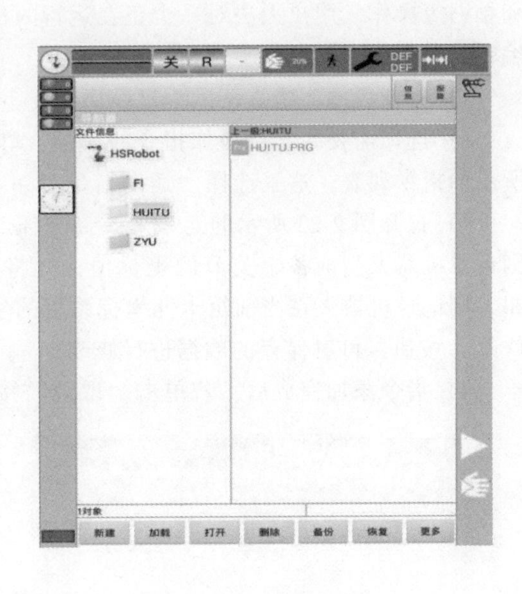

图 2-19　创建程序

2. 打开程序

可以选择或打开一个程序，此时系统将显示程序编辑器，而不是导航器。用户在程序编辑器和导航器之间可以来回切换。打开程序的操作步骤如下：

1）在图 2-20 所示的导航器中选择“HuiTu”程序，单击“打开”按钮。

2）选择 PRG 程序，单击“确认”按钮即可打开该程序，编辑器中将显示该程序，如图 2-21 所示。

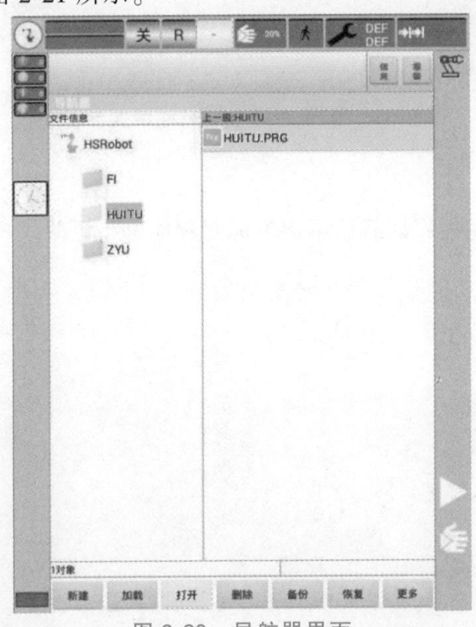

图 2-20　导航器界面

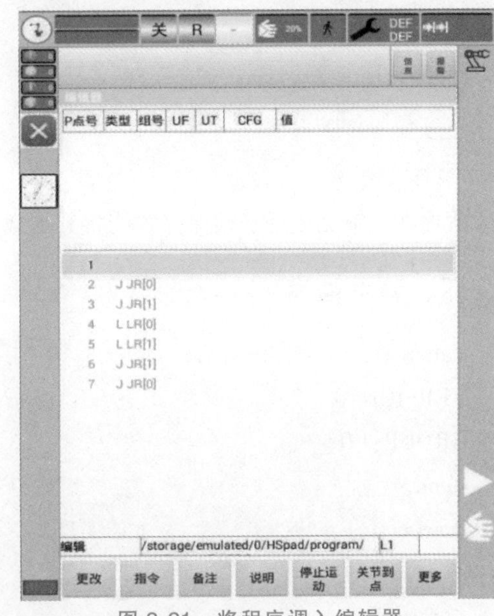

图 2-21　将程序调入编辑器

3. 编辑程序

编辑程序是指对程序指定行进行指令插入、更改，对程序进行备注、说明、保存、复制和粘贴等操作。用户无法对一个正在运行的程序进行编辑，但在外部模式下可以对程序进行编辑。编辑程序的操作步骤如下：

1）打开程序，将其调入程序编辑器。

2）选择需要在其后添加指令的一行，单击下方工具栏中的“指令”按钮，打开图 2-22 所示的指令列表，这里选择“运动指令”→“J”指令。

3）打开图 2-23 所示的运动指令编辑框，设置相关数据。若单击“记录关节”按钮，则记录机器人当前各个关节的坐标值，并将数据保存在 P1 中；若单击“记录笛卡儿”按钮，则记录机器人在当前笛卡儿坐标系下的坐标值，并将数据保存在 P1 中；若单击“手动修改”按钮，可对保存的数据进行修改。

4）指令添加完成后，若单击“取消”按钮，则放弃指令添加操作。

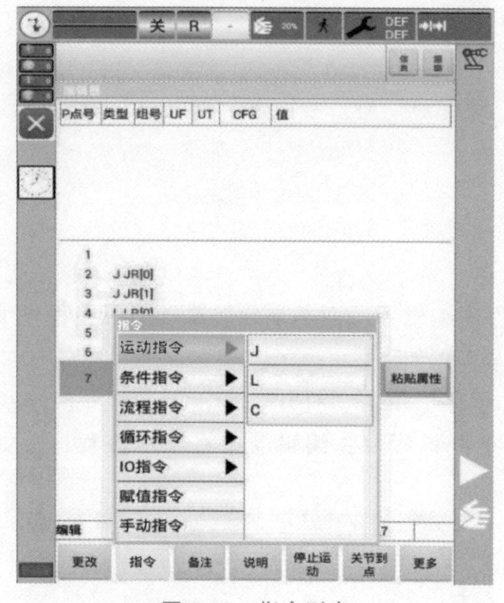

图 2-22 指令列表

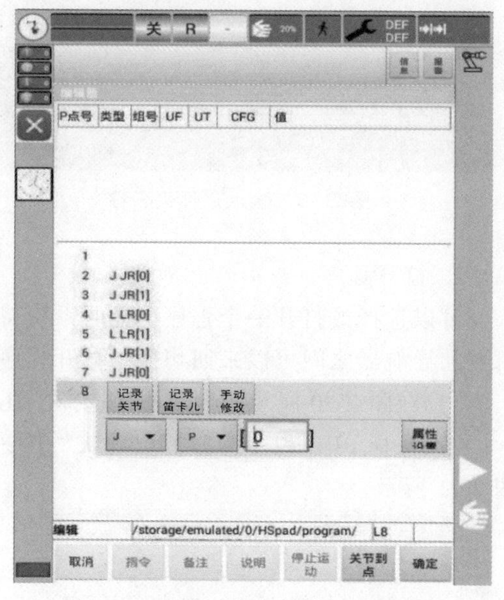

图 2-23 在运动指令编辑框设置参数

4. 保存程序

程序在编辑完成后必须保存才能将其加载，并且在程序加载后用户不能对程序进行更改。

四、参考程序

```
<attr>
VERSION:0
GROUP:[0]
<end>
<pos>
<end>
<program>
```

```
J P[1]
J P[2]
L P[3]
C P[4] P[5]
L P[6]
J P[7]
L P[8]
L P[9]
C P[10] P[11]
J P[12]
L P[13]
C P[14] P[15]
C P[16] P[17]
J P[18]
L P[19]
L P[20]
J P[21]
L P[22]
L P[23]
L P[24]
J P[1]
SLEEP 100
<end>
```

五、程序检查

在程序编写完成后，首次运行程序前，用户应先对程序进行检查，以保证程序的正常运行。在程序的编写和运行过程中不可避免地会遇到错误，若程序有语法错误，则示教器信息窗口将显示报警、出错程序及出错行号。

【任务评价】

本任务的重点是培养工业机器人操作人员对工业机器人进行参数设置和基础示教编程的职业技能。任务评价内容分为职业素养和技能操作两部分，具体要求见表 2-6。

表 2-6 机器人绘图示教编程任务考核评价表

序号	评价内容	是/否完成	得分
职业素养(50 分)			
1	正确穿戴工作服和安全帽(10 分)		
2	安全规范使用工、量具(10 分)		

（续）

序号	评价内容	是/否完成	得分
职业素养(50分)			
3	规范使用示教器(20分)		
4	器材摆放符合8S要求(10分)		
技能操作(50分)			
1	正确进行工业机器人运行轨迹规划(10分)		
2	正确进行动作点位示教(10分)		
3	正确使用运动指令编辑程序(10分)		
4	能够对程序进行语法检查并保存程序(10分)		
5	正确新建、保存程序(10分)		
综合评价			

任务三　工业机器人绘图程序的运行调试

【任务描述】

本任务主要对已经示教完成的绘图程序进行测试和自动运行，实现机器人程序的示教再现，并使操作人员了解程序运行注意事项。

【任务实施】

工业机器人绘图程序的编写和运行难免出现错误，常见的错误有语法错误、程序控制逻辑错误、位置错误及加速度超限等。为保证程序能安全、正常运行，系统有序地测试程序就显得尤为重要，具体测试流程如图 2-24 所示。

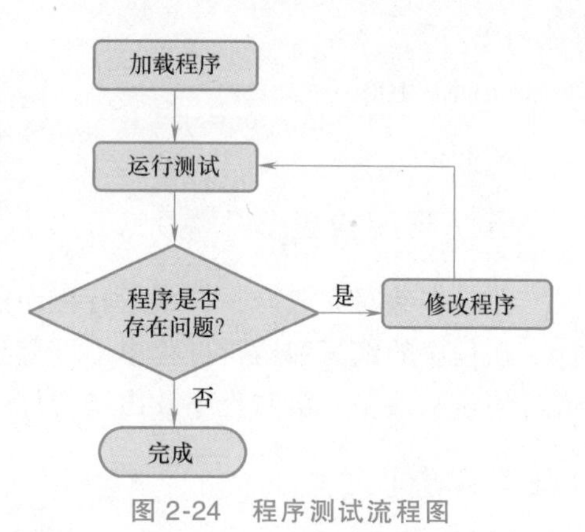

图 2-24　程序测试流程图

一、加载、启动绘图程序

1. 加载程序

示教器在手动 T1、手动 T2 或自动模式下均可选择程序并加载，具体操作步骤如下：

1）在导航器中选择“HuiTu”程序并单击“加载”按钮，如图 2-25 所示。

2）编辑器中将显示该程序，如图 2-26 所示。编辑器中始终显示相应的打开文件，同时会显示运行光标。

3）取消加载程序。选择“编辑”→“取消加载”命令或直接单击“取消加载”按钮。

注意：如果程序正在运行，则在取消程序选择前必须将程序停止。

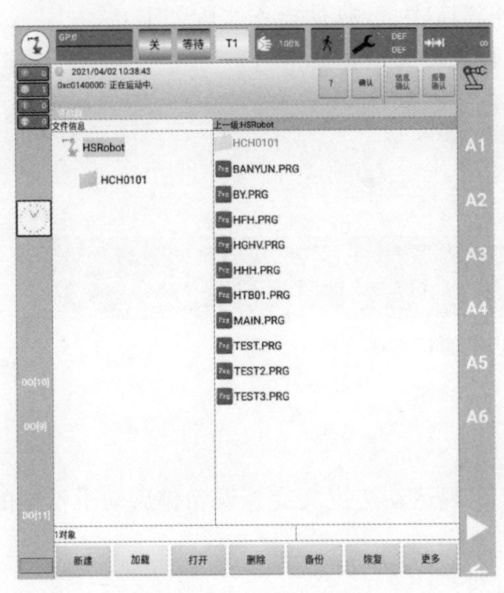

图 2-25　在导航器中选择程序

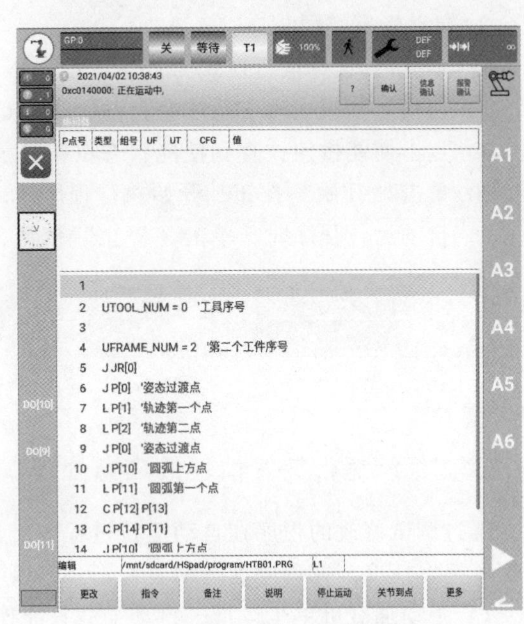

图 2-26　程序加载界面

2. 手动调试程序

本系统的程序运行有连续和单步两种方式，程序运行方式说明见表 2-7。手动调试程序过程建议采用单步运行方式，具体操作步骤如下：

工业机器人程序运行调试

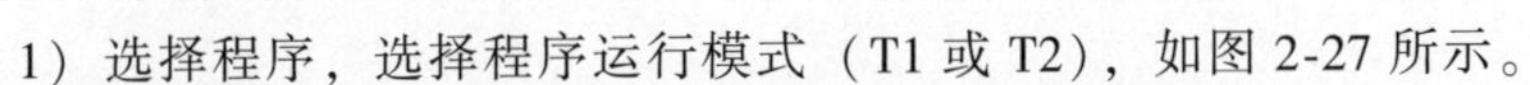

1）选择程序，选择程序运行模式（T1 或 T2），如图 2-27 所示。

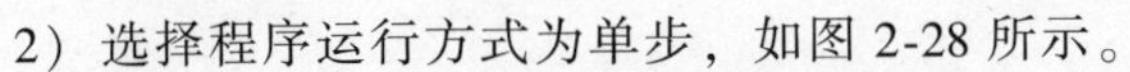

2）选择程序运行方式为单步，如图 2-28 所示。

3）按住使能开关，直到状态栏的使能状态显示为绿色，如图 2-29 所示。

4）按下启动键，单步运行程序。

5）停止时，松开安全开关或者用力按下安全开关，或者按下停止按钮。

表 2-7　程序运行方式说明

程序运行方式	说明
连续	程序不停顿地运行，直至程序结尾
单步	每次单击“开始”按钮之后，程序只运行一行

图 2-27　选择程序运行模式

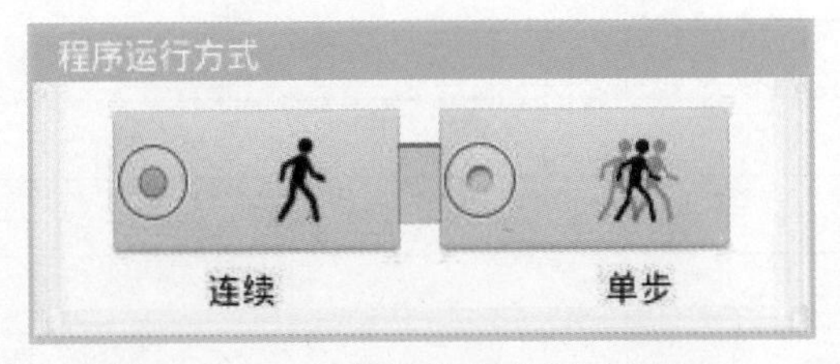

图 2-28　选择单步程序运行方式

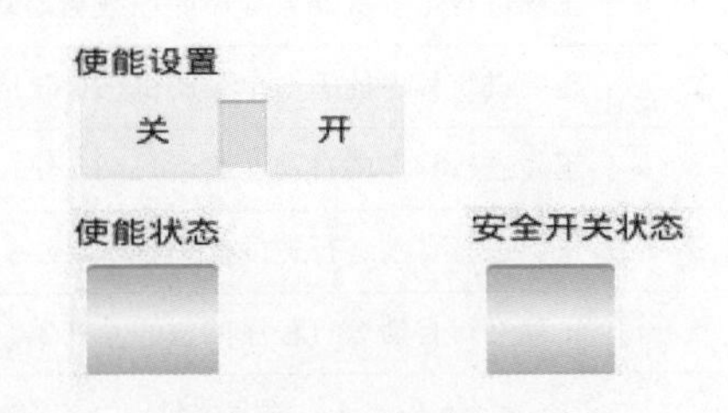

图 2-29　使能开关

3. 自动运行绘图程序

选择程序，选择运行模式为自动运行（不是外部模式），具体操作步骤如下：

1）切换运动模式时，系统会自动将程序运行方式设置为连续运行。

2）点击使能按钮，直到使能状态按钮显示绿色，如图 2-30 所示。

3）单击“开始”按钮，开始执行程序。

4）自动运行程序时，单击“停止”按钮，停止运行程序。

图 2-30 连续运行方式下的状态栏

二、程序运行突发情况的应急处理

经过调试修改的程序在自动运行过程中，常会出现运动速度突变、误动作启动了不同的程序等突发情况。在程序运行中要特别注意以下几点：

1）手动加载可单步运行，自动加载只能连续运行。

2）修改程序前必须先取消加载，停止运行程序。

3）程序自动运行速度建议低于 75%，以防止发生碰撞。

4）操作人员在调试运行过程中保持可以立刻按下急停按钮的姿态。

5）操作人员应时刻与机器人保持一定的安全距离。

【任务评价】

本任务的重点是培养工业机器人操作人员掌握工业机器人参数设置和手动操作机器人的技能。任务评价内容分为职业素养和技能操作两部分，具体要求见表 2-8。

表 2-8 工业机器人绘图程序的运行调试任务考核评价表

序号	评价内容	是/否完成	得分
职业素养(50 分)			
1	正确穿戴工作服和安全帽(10 分)		
2	安全规范使用工、量具(10 分)		
3	规范使用示教器(20 分)		
4	器材摆放符合 8S 要求(10 分)		
技能操作(50 分)			
1	正确进行工业机器人程序的加载与启动(10 分)		
2	正确进行程序的手动单步调试(10 分)		
3	正确进行程序的自动连续运行(10 分)		
4	正确进行自动运行速度的调整(10 分)		
5	正确进行自动运行程序的急停及恢复(10 分)		
综合评价			

工业机器人书写示教编程模拟考核

在手动运行模式下对绘图模块进行安装定位，标定并验证绘图笔工具坐标系和绘图斜面工件坐标系，对左边文字进行示教编程，然后通过调用工件坐标系，实现工业机器人在右边自动书写文字的功能。绘制文字字形如图 2-31 所示。

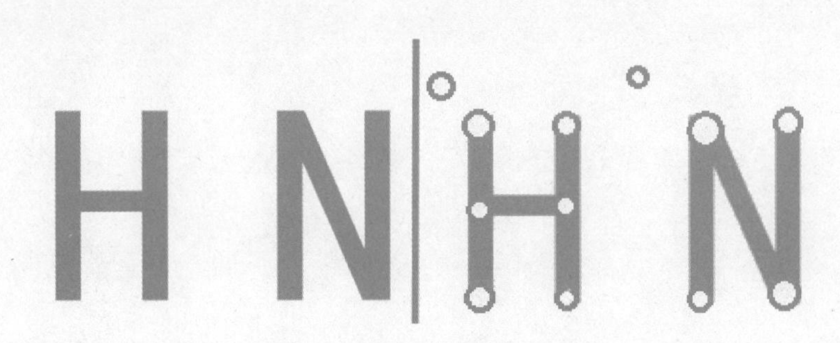

图 2-31 机器人绘制文字字形

1）规范安装绘图模块和绘图笔，并用 4 点法标定绘图斜面工具坐标系，用 3 点法标定工件坐标系。

2）在图纸上规划动作点位，并按照设计的运动轨迹填写任务工单。

3）经手动调试程序后，以 50%的速度自动运行绘图程序。

任务工单

一、点位规划表（表 2-9）

表 2-9 点位规划表

序号	标号	名称	动作
1			
2			
3			
4			
5			
6			
7			
8			
9			
10			

二、示教程序清单

考核说明：

1）职业素养与技能操作两部分同步考核，并采用现场实际操作的方式。

2）考核时间为30min，满分为100分，任务考核评价表见表2-10。

表2-10 任务考核评价表

序号	评价内容	是/否完成	得分
职业素养(50分)			
1	正确穿戴工作服和安全帽(10分)		
2	安全规范使用工、量具(10分)		
3	规范使用示教器(20分)		
4	器材摆放符合8S要求(10分)		
技能操作(50分)			
1	正确安装、调整绘图模块和绘图工具(10分)		
2	正确标定工具坐标系(3分)		
3	正确标定工件坐标系(3分)		
4	正确调用工件坐标系(3分)		
5	正确书写“H”的第一笔(按照规划动作)(3分)		
6	正确书写“H”的第二笔(按照规划动作)(3分)		
7	正确书写“H”的第三笔(按照规划动作)(3分)		
8	正确书写“N”的第一笔(按照规划动作)(3分)		
9	正确书写“N”的第二笔(按照规划动作)(3分)		
10	正确书写“N”的第三笔(按照规划动作)(3分)		
11	正确回原点(3分)		
12	自动运行绘图程序,完整连续绘制“HN”(10分)		
综合评价			

项目三 工业机器人搬运操作与编程

【项目描述】

本项目由工业机器人搬运平台的准备，工业机器人搬运示教编程，工业机器人基本搬运程序运行调试及优化组成。通过对相关知识的介绍，读者应掌握I/O指令和延时指令的功能与用法，能修改运动指令的类型、速度值、速度单位、CNT值和附加动作指令，以优化搬运程序，具备安全自动循环运行工业机器人搬运程序的职业能力，提升工业机器人基本搬运应用编程的职业技能水平。本项目的工作任务及职业技能点如图3-1所示。

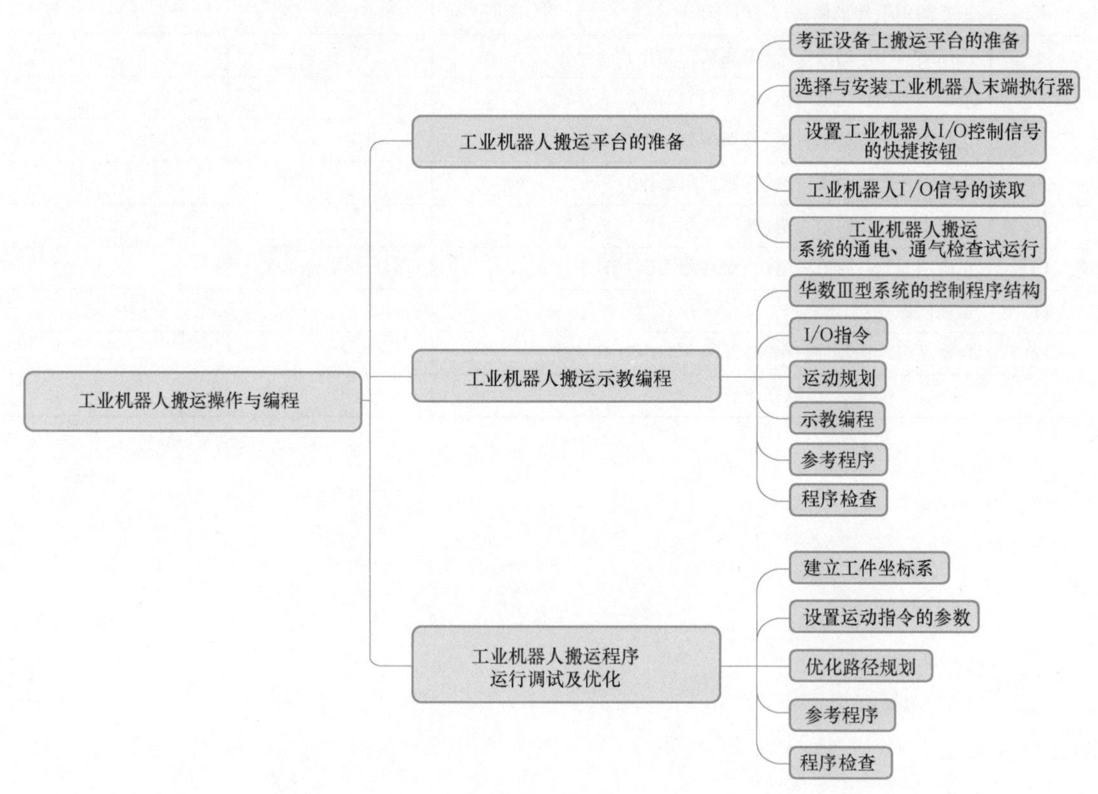

图3-1 工业机器人搬运操作与编程工作任务及职业技能点

任务一 工业机器人搬运平台的准备

工业机器人的搬运平台主要由标准实训台、工业机器人本体（HSR-JR603）、搬运模块、搬运物料、快换工具模块（吸盘）及外围的相关配件组成。通过合理布局可实现工业机器人末端执行器、机器人输入/输出信号设置及机器人平/斜面物料搬运等操作。

【任务描述】

本任务由工业机器人搬运模块、快换工具模块的选择与安装，机器人 I/O 控制信号快捷按钮的设置以及工业机器人搬运系统设备的通电、通气检查试运行等内容组成，为机器人准确抓取物料并搬运到指定位置做好设备准备工作。

【任务实施】

一、考证设备上搬运平台的准备

1. 布局安装搬运平台

根据搬运任务的要求，选择搬运模块、物料模块和快换工具模块，并将其安装在实训平台上，任务布局及尺寸如图 3-2 所示；物料模块的原始状态和目标状态如图 3-3 和图 3-4 所示。

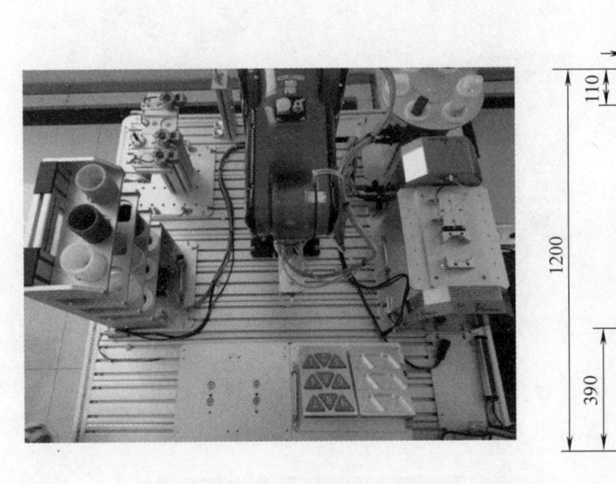

a)

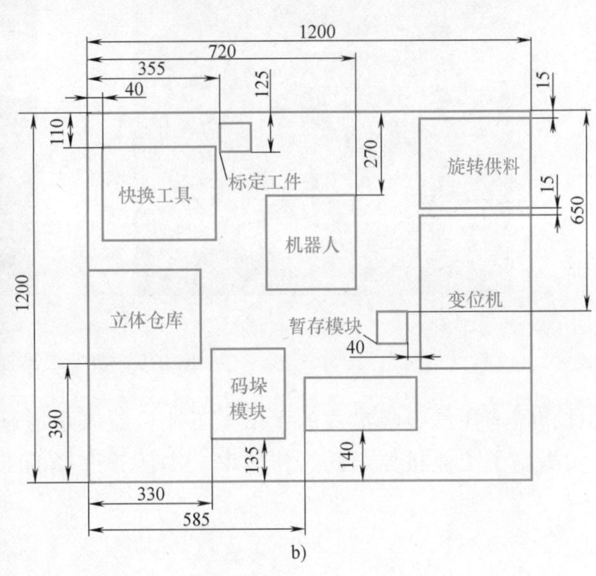

b)

图 3-2 工业机器人搬运平台任务布局及尺寸

2. 安装快换工具模块

工业机器人通过快换器可以自动更换不同的末端执行器或外围设备，使机器人的应用更具广泛性。快换工具模块的安装如图 3-5 所示，机器人的快换器的公头安装在末端法兰上，位于机器人侧，快换器的母头位于末端执行器的工具侧。

二、选择与安装工业机器人末端执行器

末端执行器是为机器人完成任务而专门设计并安装于机器人腕部末端、用于直接执行工作要求的装置，它是工业机器人与外围设备进行配合并完成相应工作的工具。

本实训平台配有四套末端执行器，分别可以配合工业机器人实现搬运、涂胶、焊接和码垛操作。考虑搬运的物料形状是三角形，材质为塑料，物料表面是光滑的，对比四种快换工

图 3-3 物料模块的原始状态

图 3-4 物料模块的目标状态

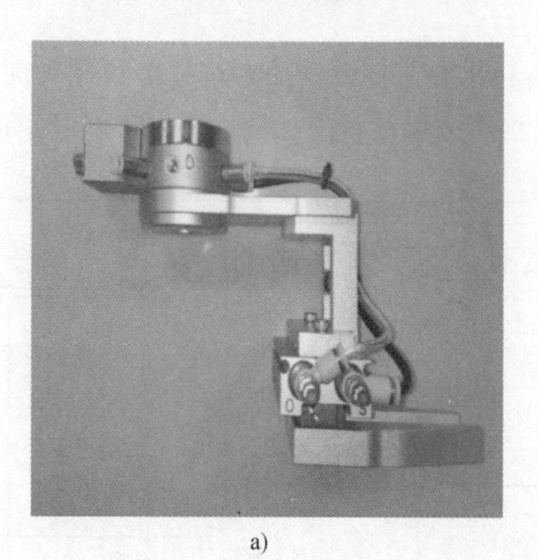

a)

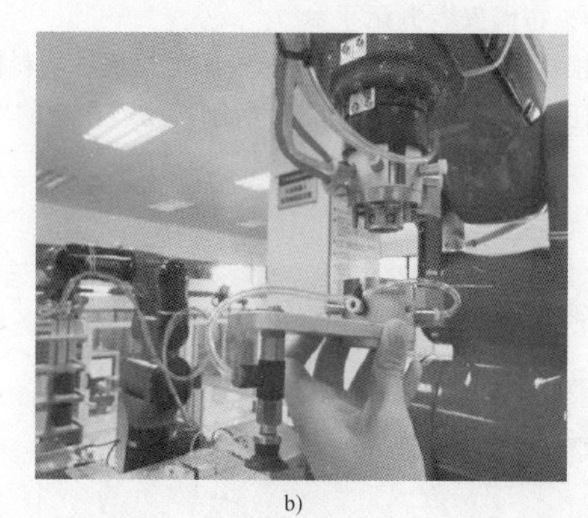

b)

图 3-5 快换工具模块的安装

具，需选择气吸吸盘式的手爪。工业机器人是通过快换工具模块进行末端执行器的更换，大大提高了工业机器人的工作效率。本任务选择的工具如图 3-6 所示。

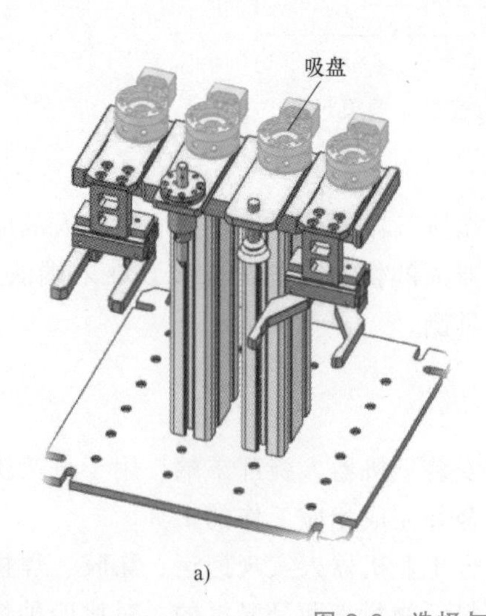

a)

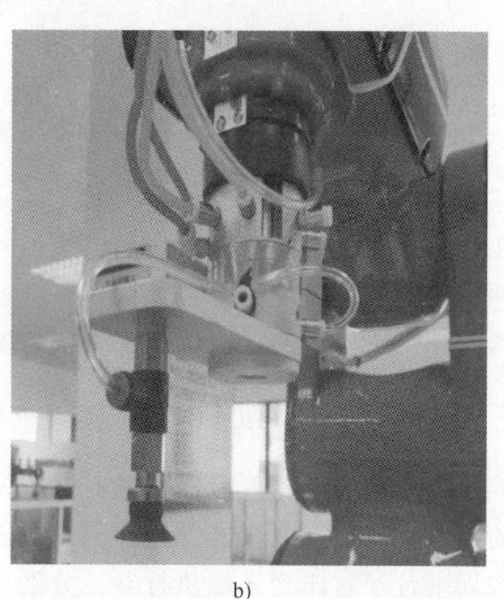

b)

图 3-6 选择与安装工业机器人搬运工具

三、设置工业机器人 I/O 控制信号的快捷按钮

在搬运过程中，吸盘的动作是通过 I/O 信号控制的，为了使用方便，将该信号的输出控制与示教器上的备用按钮进行关联，控制时无须进入 I/O 界面进行操作，直接按示教器上的备用按钮就可以控制吸盘。备用按钮位于示教器正面板的左下角，其四个按钮供用户使用，如图 3-7 所示。

注意：备用按钮只能在运行模式为手动 T1、T2 和自动模式下使用，在外部模式开启后是不能使用的。要进行备用按钮设置，需将系统用户组设置为“Super”（超级权限用户）。示教器提供了四个备用按钮，用户可进行自定义配置关联按钮的输出控制指令。备用按钮配置类型及含义见表 3-1。

表 3-1　备用按钮配置类型及含义

配置类型	说　明
I/O 型	输出 I/O 信号
工艺包	打开工艺包界面
无配置	关闭备用按钮功能

配置备用按钮的具体操作步骤如下：

1）在“Super”（超级权限用户）下，在主菜单中选择“配置”→“示教器配置”→“备用按钮设置”命令，打开备用按钮界面，如图 3-8 所示。

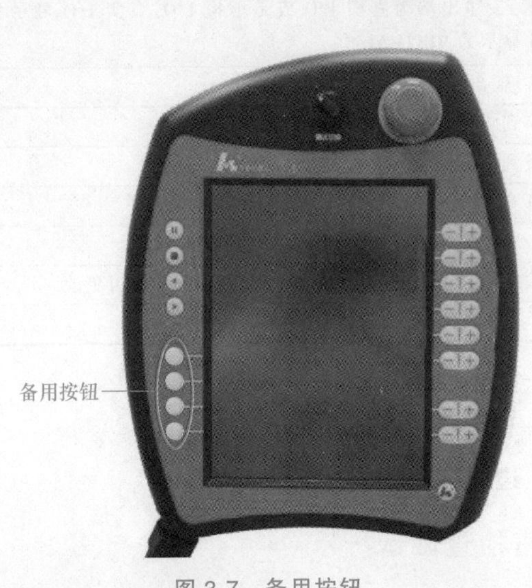

图 3-7　备用按钮

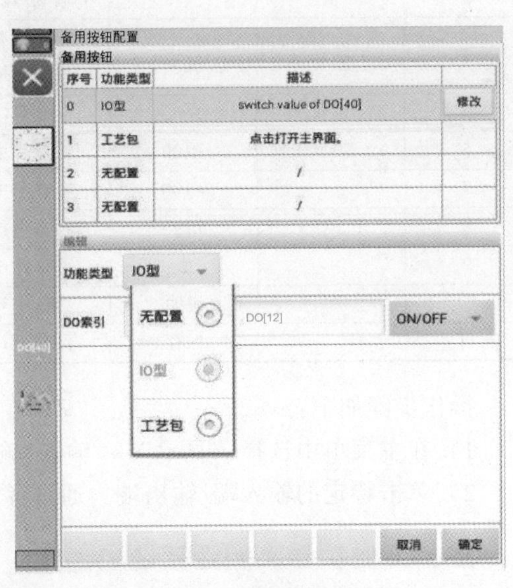

图 3-8　备用按钮界面

2）选择其中一个序号，单击对应的“修改”按钮。

3）单击“功能类型”列表框，选中“IO 型”单选按钮。

4）在“DO 索引”输入框中输入“DO［12］”，参考表 0-1。

5）在后面的下拉列表框中选择“ON/OFF”选项。

6）单击“确定”按钮，完成配置。

工业机器人搬运平台简介与I/O信号配置

四、工业机器人 I/O 信号的读取

工业机器人的数字输出端是控制快换工具的更换和工具的夹松的信号，工业机器人的数字输入端是可以与外围设备进行交互的反馈信号。示教器中的数字输入端与输出端的界面如图 3-9 所示，相关参数说明见表 3-2。

数字输入/输出端

序号	IO号	值	状态	说明
1	0	○	REAL	iPRG_LOAD
2	1	○	REAL	iPRG_START
3	2	○	REAL	iPRG_PAUSE
4	3	○	REAL	iPRG_STOP
5	4	○	REAL	iPRG_UNLOAD
6	5	○	REAL	iENABLE
7	6	○	REAL	iCLEAR_FAULTS
8	7	○	REAL	

输入端　输出端　-100　+100　切换　值　说明　保存

a)

数字输入/输出端

序号	IO号	值	状态	说明
1	0	○	REAL	oROBOT_READY
2	1	○	REAL	oPRG_READY
3	2	○	REAL	oPRG_RUNNING
4	3	○	REAL	oMANUAL_MODE
5	4	○	REAL	oAUTO_MODE
6	5	○	REAL	
7	6	○	REAL	
8	7	○	REAL	

输入端　输出端　-100　+100　切换　值　说明　保存

b)

图 3-9　数字输入端与输出端界面

表 3-2　数字输入与输出端界面参数说明

编号	显示状态	右侧按键	说　明
1	序号		数字输入/输出序列号
2	I/O 号		数字输入/输出 I/O 号
3	值		输入/输出端值。如果一个输入或输出端为 TURE，则被标记为红色
4	状态		表示该数字输入/输出端为真实 I/O 或是虚拟 I/O；真实 I/O 显示为 REAL，虚拟 I/O 显示为 VIRTUAL
5	说明		给该数字输入/输出端添加说明
6		-100	在显示中切换到之前的 100 个输入或输出端
7		+100	在显示中切换到之后的 100 个输入或输出端
8		切换	可在虚拟和真实输入/输出端之间切换
9		值	可将选中的 I/O 设置为 TRUE 或 FALSE
10		说明	给选中行的数字输入/输出端添加解释说明，选中后单击可更改
11		保存	保存 I/O

操作步骤如下：

1）在主菜单中选择“显示”→“输入/输出端”→“数字输入/输出端”命令。

2）单击特定的输入端/输出端，通过界面右边的按钮对 I/O 信号进行操作。

五、工业机器人搬运系统的通电、通气检查试运行

机器人搬运系统由工业机器人、外围的电气控制和气路控制部分组成。在执行操作前，对系统整体的电路、气路的通断一定要进行相应的检查试运行。

【任务评价】

本任务的重点是培养工业机器人操作人员的安全文明生产职业素养，并使其掌握快换工

具模块的选择与安装、机器人 I/O 信号快捷按钮的设置以及电路和气路检查等技能操作。任务评价内容分为职业素养和操作技能两部分，具体要求见表 3-3。

表 3-3　工业机器人搬运平台准备任务考核评价表

序号	评价内容	是/否完成	考核
职业素养(50 分)			
1	正确穿戴工作服和安全帽(10 分)		
2	安全规范使用工、量具(10 分)		
3	规范使用示教器(20 分)		
4	器材摆放符合 8S 要求(10 分)		
技能操作(50 分)			
1	正确进行设备的安全通电、通气检查(10 分)		
2	正确安装搬运平台(10 分)		
3	正确进行快换工具模块的选择与安装(10 分)		
4	正确进行工业机器人 I/O 信号快捷按钮的设置(10 分)		
5	正确进行常见电、气路故障排除(10 分)		
综合评价			

任务二　工业机器人搬运示教编程

【任务描述】

本任务介绍工业机器人搬运示教编程，工业机器人操作人员应熟练掌握运动指令、学习 I/O 指令和延时指令的使用方法；通过分析任务，工业机器人操作人员能够规划搬运物料的路径，能够用示教器对原点、过渡点、取料点及放料点等关键点进行示教编程，最终完成工业机器人的搬运示教编程。

【知识准备】

一、华数Ⅲ型系统的控制程序结构

华数Ⅲ型控制系统只提供只有一种 PRG 类型的程序文件供用户使用，并支持 PRG 程序调用其他 PRG 程序。调用其他程序的文件为主程序，被调用的为子程序。PRG 程序结构见表 3-4。

表 3-4　PRG 程序结构

程序模块	功能	示　例
轴初始化	绑定业务层及轴组	<attr> VERSION:0 GROUP:[0] <end>

（续）

程序模块	功能	示　　例
变量申明	定义坐标变量，声明变量	<pos> P[1]{GP:0,UF:-1,UT:-1,JNT:[-0.0,-89.998,180.001,0.001,89.994,0.001,0.0,0.0,0.0]}; P[2]{GP:0,UF:-1,UT:-1,CFG:[0,0,0,0,0,1],LOC:[286.522,-0.0,232.473,179.999,0.0,179.999,0.0,0.0,0.0]}; <end>
主程序	添加语句块	<program> LBL[1] J P[1]VEL=50 L P[2]VEL=50 C JR[1]LR[1]VEL=50 GOTO LBL[1]

二、I/O 指令

工业机器人 I/O 指令的功能和用法

在工业机器人控制中，工业机器人需要与外围设备之间有信息的交互，程序语句中包含输入/输出指令，即 I/O 指令。它包括 I/O 操作、条件等待（WAIT）指令和睡眠（WAIT TIME）指令。

DO 指令可用于给当前的 I/O 端口赋值为开（ON）或关（OFF），也可以用于在 DI 和 DO 之间相互传递数值。

WAIT 指令可用于等待一定的时间或等待一个指定的输入信号 DI。

WAIT TIME 指令用于等待一段睡眠时间，单位为 ms。

I/O 指令的操作方法及示例见表 3-5。

表 3-5　I/O 指令的操作方法及示例

I/O 操作	条件等待(WAIT)指令	示例
1. 选择需要添加 DO 指令行的上一行 2. 选择“指令”→“IO 指令”→“DO”命令 3. 在第一个输入框中输入 IO 序号 4. 在第二个列表框中选择相应的值或 IO。如果选择 IO，则需要在对应的输入框中输入相应 IO 序号 5. 单击操作菜单栏中的“确定”按钮，完成 I/O 指令的添加	1. 选择需要添加 WAIT 指令行的上一行 2. 在列表框中选择任一等待的信号：DI、DO、R、TIME（单位为 ms），输入相应的值 3. 单击操作菜单栏中的“确定”按钮，完成 WAIT 指令的添加	WAIT R[1]=1 J P[1] VEL=100 DO[1]=ON DO[2]=OFF WAIT TIME=100 J P[2] VEL=100

【任务实施】

完成搬运物料的运动规划、示教编程和程序检查。

一、运动规划

1. 搬运动作规划

工业机器人搬运是指将物料在物料放置架之间进行运送和转移。为避免在搬运过程中出现干涉、掉件等意外，将工业机器人搬运的动作分解为抓取物料、移动物料和放下物料。关键点位动作规划见表 3-6。

表 3-6　关键点位动作规划表

序号	标号	名称	动　作
1	P0	机器人原点	机器人工作准备
2	P1	取料过渡点	取料姿态准备
3	P2	取料点	抓取物料
4	P3	放料过渡点	放料姿态准备
5	P4	放料点	放下物料

2. 搬运路径规划

工业机器人在运动过程中主要进行的是关节运动和直线运动，可按照图 3-10 所示的参考路径进行动作。

在图 3-10 中，P0 点为工业机器人的工作准备点，默认为机器人原点位置。P1、P3 点为机器人取料、放料过渡点，通常距离正常工作点正上方 10~20mm。工业机器人一个完整的搬运过程的路径为 P0 点→P1 点→P2 点→P1 点→P3 点→P4 点→P3 点→P0 点。

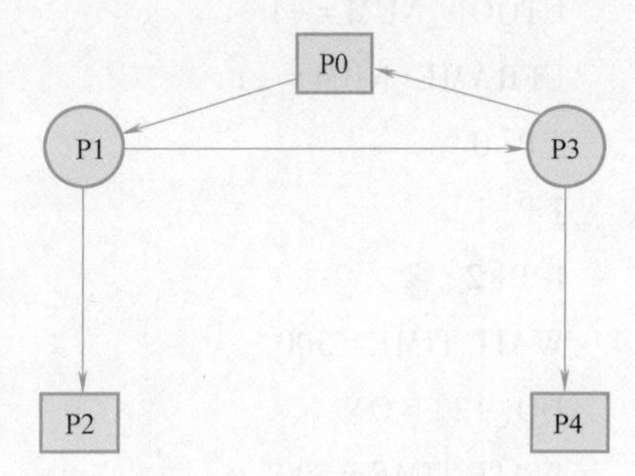

图 3-10　工业机器人搬运路径规划

3. 程序流程规划

根据工业机器人路径的规划及对应的动作要求，搬运程序流程图如图 3-11 所示。

二、示教编程

要实现工业机器人搬运任务的再现，需要把工业机器人的运动路径编写成程序。前面已经完成了工业机器人搬运任务的动作规划、路径规划和程序流程规划，下面进行搬运示教编程，具体操作步骤如下：

1）新建名为“XCHBY01”的文件夹。

2）新建或打开名为“XCHBY01”的搬运程序。

3）严格按照程序流程图编制并保存程序。

4）按照关键点位动作规划表手动示教 P0~P4 点并记录位置信息。

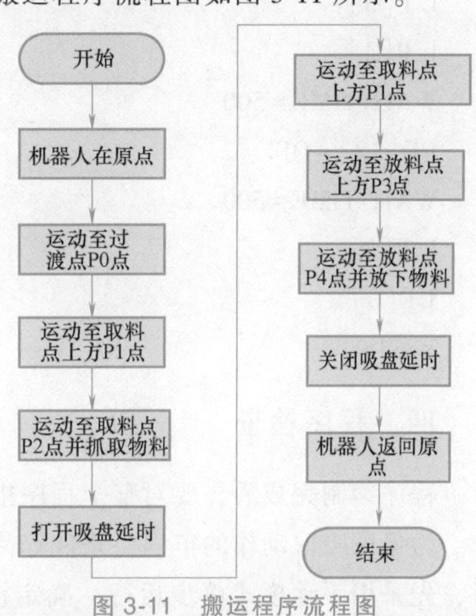

图 3-11　搬运程序流程图

注意：

1）完成程序的编辑和修改后，要对该程序进行保存才能加载运行。程序被加载后不能再对其进行修改。

2）为保证吸盘吸取动作牢固，要求吸盘一定要与物料表面垂直接触。

三、参考程序

```
<attr>
VERSION:0
GROUP:[0]
<end>
<pos>
<end>
<program>
DO[12]=OFF                                  '关闭吸盘
UTOOL_NUM=-1                                '选择工具坐标系
UFRAME_NUM=-1                               '选择工件坐标系
J P[0]                                      '机器人原点
J P[1]                                      '取料过渡点
L P[2]                                      '取料点
WAIT TIME=500                               '等待 500ms
DO[12]=ON                                   '吸盘吸取物料
WAIT TIME=500                               '等待 500ms
L P[1]                                      '取料过渡点
L P[3]                                      '放料过渡点
L P[4]                                      '放料点
WAIT TIME=500                               '等待 500ms
DO[12]=OFF                                  '吸盘放置物料
WAIT TIME=500                               '等待 500ms
L P[3]                                      '放料过渡点
J P[0]                                      '机器人原点
<end>
```

四、程序检查

程序编制完成后，要对整个程序指令的格式和动作流程进行初步的检查，防止出现误动作。为保证吸取动作的牢固，条件等待指令的时间建议大于或等于 500ms。在程序调试运行时，先采用手动模式单步运行，确定没有问题后再进行自动运行，保证设备与操作人员的安全。

【任务评价】

本任务的重点是培养工业机器人操作人员的参数设置和工业机器人搬运应用编程的技能。任务评价内容分为职业素养和技能操作两部分，具体要求见表 3-7。

表 3-7　工业机器人搬运示教编程任务考核评价表

序号	评价内容	是/否完成	得分
职业素养(50 分)			
1	正确穿戴工作服和安全帽(10 分)		
2	安全规范使用工、量具(10 分)		
3	规范使用示教器(20 分)		
4	器材摆放符合 8S 要求(10 分)		
技能操作(50 分)			
1	正确进行工业机器人运动规划(15 分)		
2	正确进行动作点位示教(15 分)		
3	按照程序流程图正确编制程序(10 分)		
4	正确进行程序的语法检查与保存(5 分)		
5	正确进行程序文件的管理(5 分)		
综合评价			

任务三　工业机器人搬运程序运行调试及优化

【任务描述】

由于搬运模块的外形相对于水平面具有一定的角度，是在斜面上操作搬运物料，在进行示教点位的时候有一定的难度，加之搬运工件数量多等原因，所以搬运程序在自动运行中常常出现效率低、准确度差等问题。本任务介绍通过建立工件坐标系，设置运动指令、赋值指令等方法，对机器人运行的路径进行优化，提升机器人的工作效率，降低示教点的难度。

【知识准备】

一、建立工件坐标系

搬运物料架可以 3 行 6 列的形式放置 18 个三角形的物料。从整体上看，物料放置的位置和方向均有不同，并且物料架还与地面成一定夹角，如图 3-12 所示。因此，基于物料架平面建立工件坐标系的示教编程，能大大提高示教点的效率，降低示教难度。

二、设置运动指令的参数

在大量且重复的物料搬运过程中，可以通过加快工业机器人运行速度的方法提高工作效率，但是为保证放置的准确性，在取料、放料时必须减慢机器人的运行速度，以减小惯性对取料、放料的影响。对机器人相同的运动指令进行灵活的参数设置能大大提升搬运的效率。

运动指令包含了几个可选的运动参数，VEL 是指速度，ACC 是指加速比，DEC 是指减速比，VROT 是指姿态速度。参数设置完成后，仅对当前运动有效，该运动指令行执行结束

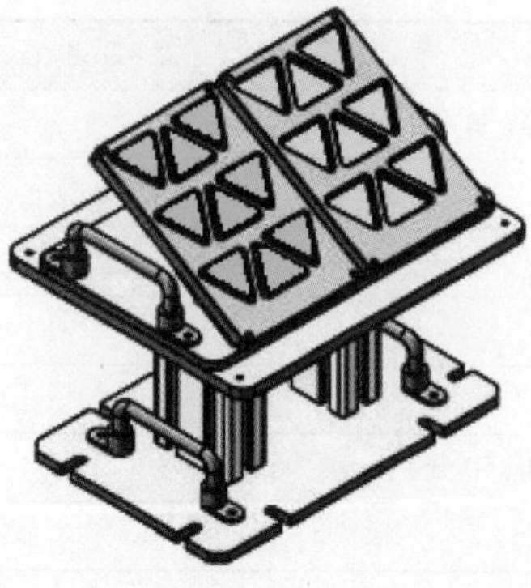

a) 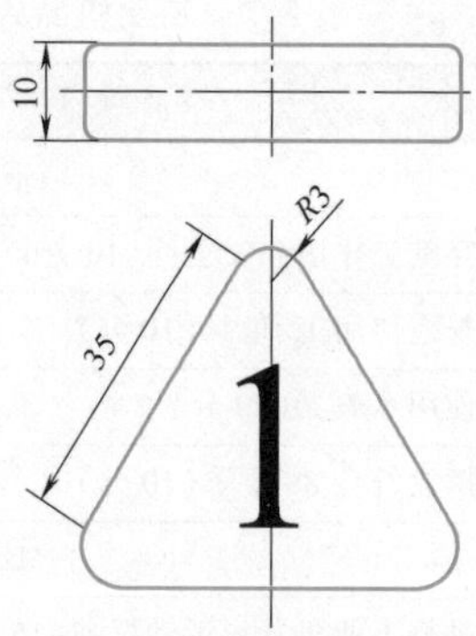 b)

图 3-12 搬运物料架及物料块位置

后，将恢复默认值。运动参数的设置可以使用赋值指令，参数的功能见表 3-8；运动参数的用法结合关节指令程序示例见表 3-9。

表 3-8 运动参数的功能

参数	设定范围	功能说明
J_VEL	1~100	设置关节运动速度
J_ACC	1~100	设置关节运动加速比
J_DEC	1~100	设置关节运动减速比
L_VEL	1~1000	设置直线运动速度
L_ACC	1~100	设置直线运动加速比
L_DEC	1~100	设置直线运动减速比
L_VROT	1~100	设置直线姿态速度
C_VEL	1~1000	设置圆弧运动速度
C_ACC	1~100	设置圆弧运动加速比
C_DEC	1~100	设置圆弧运动减速比
C_VROT	1~100	设置圆弧姿态速度

表 3-9 运动参数的用法结合关节指令程序示例

语句	指令名称	功能	变量类型
LBL[888]	标签指令		
J_VEL=100	赋值指令	设置关节运动速度为“100”	全局
J_ACC=100	赋值指令	设置关节运动加速比为“100”	全局
J_DEC=100	赋值指令	设置关节运动减速比为“100”	全局
J P[1]	关节运动指令	使用全局设置参数关节运动到 P1 点	全局
J P[2] VEL=50ACC=50 DEC=50	关节运动指令	使用自定义设置的参数关节运动到 P2 点	全局
J P[3] VEL=50	关节运动指令	使用自定义的 VEL 参数关节运动到 P3 点	全局的 ACC 和 DEC
GOTO LBL[888]	跳转回标签		

三、优化路径规划

在机器人运动过程中，设置了多个过渡点，机器人准确到达各个点位且有停顿，因此机器人存在速度为零的时刻。使用圆弧过渡运动参数 CNT 模式，机器人在运动到下一点的时候，会以一定的半径绕过该点，运动到下一段轨迹，即可在运动的过程中节省时间，提高机器人的工作效率。CNT 模式可以用于关节插补和笛卡儿插补混合运动，该参数定义了圆弧过渡的起始位置，其值设置为百分比，如图 3-13 所示。

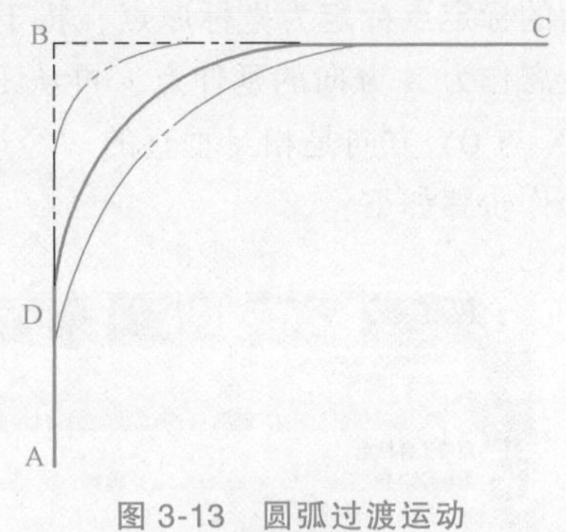

图 3-13　圆弧过渡运动参数 CNT 模式

【任务实施】

一、路径姿态优化

在机器人搬运过程中，要考虑物料放置的位置。放料的物料位是有方向变化的，在规划搬运路径的过程中要考虑到这一点，在示教点位时要调整机器人的位置与姿态。机器人示教时应在笛卡儿坐标系或工件坐标系下进行，以便调整机器人的位姿。本任务的路径规划如图 3-14 所示。

二、程序流程优化

考虑到物料方向的改变，在程序控制中采用圆弧过渡（取料与放料位置除外），可以提高机器人的工作效率。搬运程序流程图如图 3-15 所示。

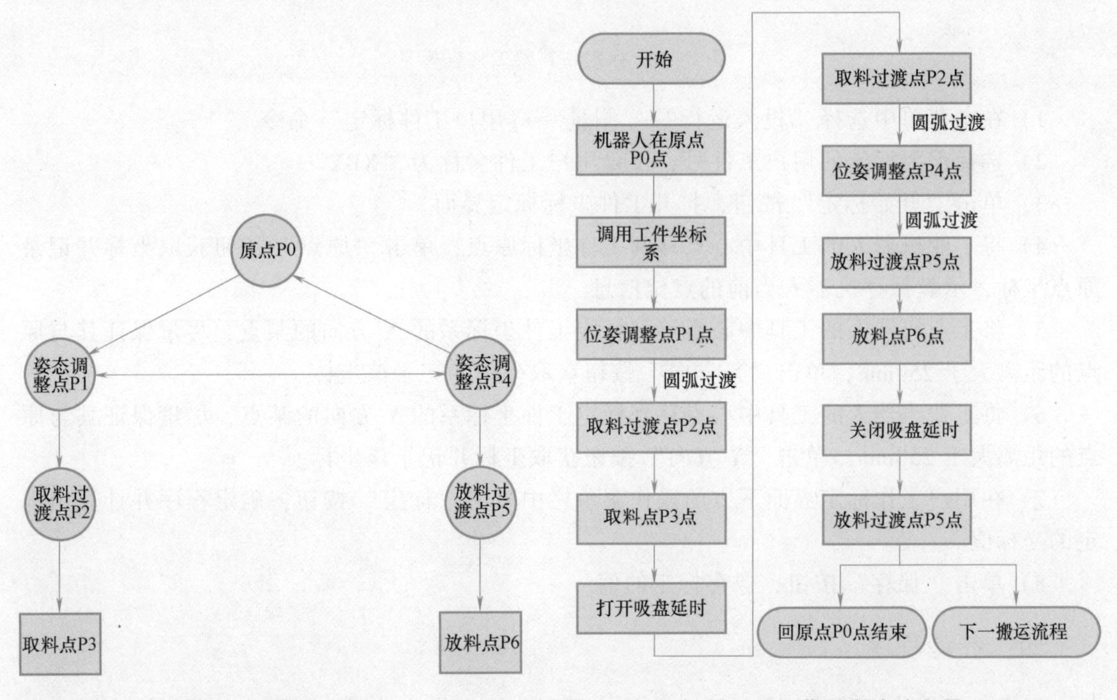

图 3-14　搬运路径规划　　图 3-15　搬运程序流程图

三、标定工件坐标

在搬运过程中以物料放置架建立工件坐标系。标定工件坐标时，将第一个工业机器人到达的标定点标定为坐标原点，将工业机器人的工具中心点沿工件坐标系的+X 方向移动一段距离作为 X 方向的延伸点，再从工件坐标系 XOY 平面选取任意点作为 Y 方向延伸点，保证 OX 与 OY 方向是相互垂直的。经过这三个点的标定计算出工件坐标系如图 3-16 所示。具体操作步骤如下：

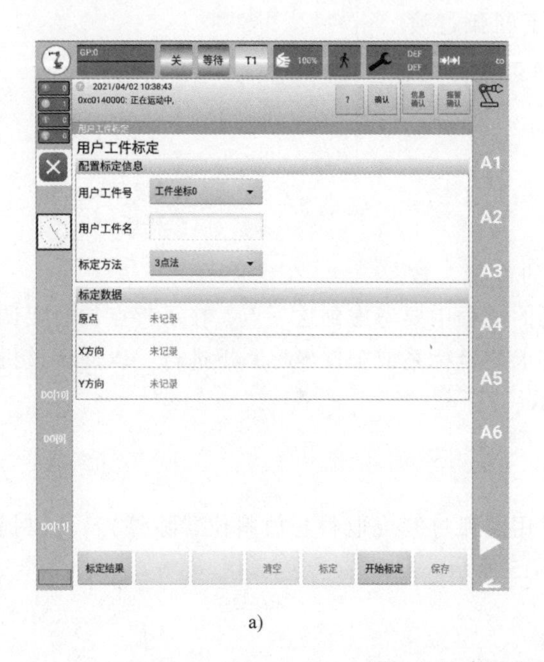

a)

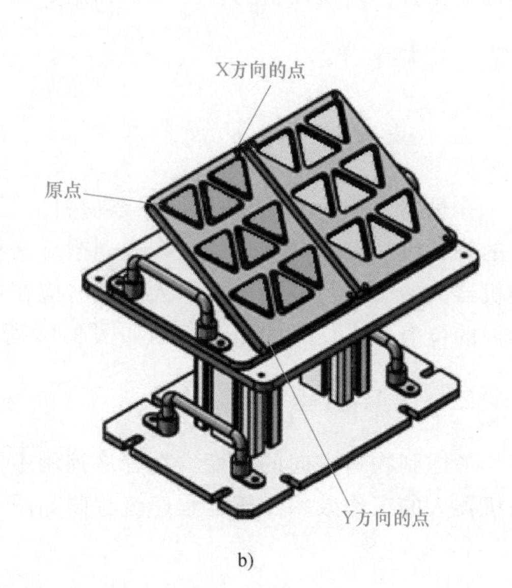

b)

图 3-16 标定物料架工件坐标系

1）在主菜单中选择“投入运行”→“测量”→“用户工件标定”命令。

2）选择需要标定的用户工件号，设置用户工件名称为“XBY”。

3）单击“开始标定”按钮，打开工件坐标标定界面。

4）将工业机器人的工具中心点移到工件坐标原点，单击“原点”按钮获取坐标并记录原点坐标，示教保存机器人当前的点位信息。

5）将工业机器人的工具中心点移到标定工件坐标系的 X 方向的某点，尽量保证其与原点的距离大于 250mm，单击“X 方向”按钮获取坐标并记录该坐标。

6）将工业机器人的工具中心点移到标定工件坐标系的 Y 方向的某点，尽量保证其与原点的距离大于 250mm，单击“Y 方向”按钮获取坐标并记录该坐标。

7）在用户工作标定界面下方的操作菜单栏中单击“标定”按钮，确定程序并计算出标定的坐标值。

8）单击“保存”按钮，保存标定的值。

四、参考程序

根据机器人的实际的信号输出和程序流程图，按照优化的工业机器人的位置姿态、指令执行速度的设置，参考程序如下：

```
<attr>
VERSION:0
GROUP:[0]
<end>
<pos>
<end>
<program>
DO[12]=OFF                     '关闭吸盘
UTOOL_NUM=-1                   '选择工具坐标系
UFRAME_NUM=2                   '选择工件坐标系
J P[0]                         '机器人原点
                               '搬运第一个物料
J P[1]CNT=50                   '机器人取料过渡点
L P[2]                         '机器人取料点上方
L P[3]                         '机器人取料点
WAIT TIME=500                  '等待 500ms
DO[12]=ON                      '吸盘吸取物料
WAIT TIME=500                  '等待 500ms
L P[3]                         '机器人取料点上方
J P[4]CNT=50                   '机器人放料过渡点
L P[5]                         '机器人放料点上方
L P[6]                         '机器人放料点
WAIT TIME=500                  '等待 500ms
DO[12]=OFF                     '吸盘放置物料
WAIT TIME=500                  '等待 500ms
L P[5]                         '放料点上方
J P[4]CNT=50                   '机器人取/放料过渡点
                               '搬运第二个物料
J P[1]CNT=50                   '机器人取/料过渡点
L P[7]                         '机器人取料点上方
L P[8]                         '机器人取料点
WAIT TIME=500                  '等待 500ms
DO[12]=ON                      '吸盘吸取物料
WAIT TIME=500                  '等待 500ms
L P[7]                         '机器人取料点上方
J P[4]CNT=50                   '机器人放料过渡点
L P[9]                         '机器人放料点上方
L P[10]                        '机器人放料点
```

```
WAIT TIME=500                  '等待 500ms
DO[12]=OFF                     '吸盘放置物料
WAIT TIME=500                  '等待 500ms
L P[9]                         '放料点上方
J P[4]CNT=50                   '机器人取/放料过渡点
                               '搬运第三个物料
⋮
J P[0]                         '机器人原点
<end>
```

五、程序检查

采用手动模式单步运行，让机器人的动作执行一遍规划的搬运路径，在机器人与外围设备互不干涉的情况下，确定机器人示教的点位。在单步运行方式下，圆弧过渡不会体现出来。先确定各示教点的正确性，再调整速度进行连续自动运行。

【任务评价】

本任务的重点是培养工业机器人操作人员工业机器人参数设置和搬运应用编程优化与调整的技能。任务评价内容分为职业素养和技能操作两部分，具体要求见表 3-10。

工业机器人
物料搬运

表 3-10 任务考核评价表

序号	评价内容	是/否完成	得分
职业素养(50 分)			
1	正确穿戴工作服和安全帽(10 分)		
2	安全规范使用工、量具(10 分)		
3	规范使用示教器(20 分)		
4	器材摆放符合 8S 要求(10 分)		
技能操作(50 分)			
1	正确建立物料工件坐标系(5 分)		
2	正确设置运动指令参数(10 分)		
3	正确利用圆弧过渡指令优化路径(10 分)		
4	正确进行自动运行速度的调整(5 分)		
5	连续自动运行搬运物料的完整过程(20 分)		
综合评价			

工业机器人搬运示教编程模拟考核

请选择实训考核平台的搬运模块、快换工具模块及外围设备，并进行合理布局，搭建搬运工作站。使用吸盘夹具将物料仓里的物料搬运至码垛区图 3-17 所示的位置。

a)

b)

图 3-17 搬运效果

考核任务要求如下：

1）依据图 3-2 所示的平台布局及安装尺寸规范安装码垛模块和快换工具模块，并按照表 3-11 的要求自定义辅助按钮并配置 I/O 地址。

表 3-11 自定义辅助按钮

说明	I/O 地址	信号类型	信号说明
辅助按钮 1	DO[12]	ON/OFF	吸盘夹具产真空/破坏真空

2）规划搬运动作关键点位及程序流程图，并填写任务工单。

3）经手动调试程序后，以 75%的速度循环连续运行搬运程序。

任务工单

一、动作规划表（表 3-12）

表 3-12 动作规划表

序号	标号	名称	动作
1			
2			
3			
4			
5			
6			
7			
8			
9			
10			
11			
12			

二、示教程序清单

考核说明：

1）职业素养与技能操作两部分同步考核，并采用现场实际操作的方式。

2）考核时间为60min，满分为100分，任务考核评价表见表3-13。

表3-13　任务考核评价表

序号	评价内容	是/否完成	得分
职业素养(50分)			
1	正确穿戴工作服和安全帽(5分)		
2	安全规范使用工、量具(10分)		
3	规范使用示教器(25分)		
4	器材摆放符合8S要求(10分)		
技能操作(50分)			
1	正确安装、调整搬运模块和快换工具模块(12分)		
2	合理配置吸盘I/O信号快捷按钮(2分)		
3	以合理姿态移至正三角物料取料过渡点(2分)		
4	以合理姿态移至正三角物料取料点(2分)		
5	以合理位置牢固吸取正三角物料(2分)		
6	以合理姿态移至三角物料放料过渡点(2分)		
7	以合理姿态移至三角物料放料点(2分)		
8	准确放置物料在指定位置(不移位)(2分)		
9	以合理姿态移至倒三角物料取料过渡点(2分)		
10	以合理姿态移至倒三角物料取料点(2分)		
11	以合理位置牢固吸取倒三角物料(2分)		
12	以合理姿态移至倒三角物料放料过渡点(2分)		
13	以合理姿态移至倒三角物料放料点(2分)		
14	正确回参考点(2分)		
15	以75%的运动速度自动运行程序并完整搬运九个物料(12分)		
综合评价			

项目四 工业机器人码垛操作与编程

【项目描述】

本项目由工业机器人码垛平台的准备、工业机器人码垛示教编程和工业机器人码垛程序优化三个任务组成。通过对相关知识的介绍，读者应理解工业机器人码垛过程，并能利用寄存器指令、条件指令和循环指令优化程序，达到减少码垛点位示教工作量的目的。本项目的工作任务及职业技能点如图 4-1 所示。

工业机器人多层码垛动作流程

本项目主要实现长方形物料的码垛操作与编程，将长方形物料从码垛工作台的初始位置放至码垛台垛形堆放处，图 4-2 所示为两层厚垛形前后对比效果。

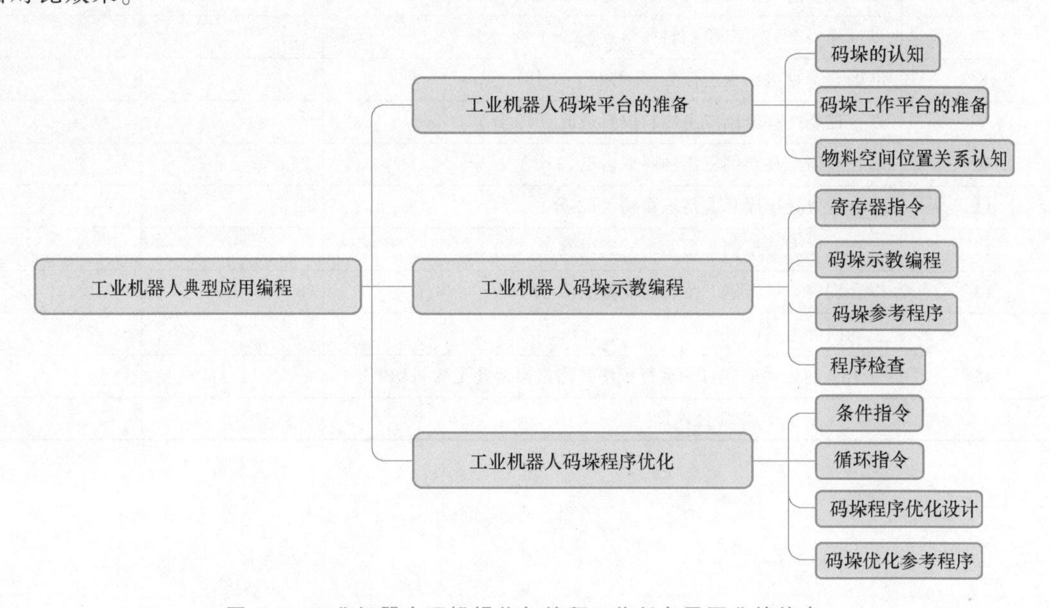

图 4-1 工业机器人码垛操作与编程工作任务及职业技能点

任务一 工业机器人码垛平台的准备

【任务描述】

本任务主要由快换工具模块的安装、码垛工作台的布局安装、笛卡儿坐标系下物料在空

a)

b)

图 4-2 码垛任务效果

间方向上的关系三部分内容组成。通过合理布局和对物料空间位置关系的认知，做好机器人根据不同物品和跺形进行码垛的基本示教编程的准备工作。

【任务实施】

一、码垛的认知

物品码垛是指根据物品的包装、外形、性质、特点、种类和数量，结合季节和气候情况，以及储存时间的长短，将物品按一定的规律码成各种形状的货垛。码垛的主要目的是便于对物品进行维护和查点等管理，以提高仓库利用率。常见码垛的垛形有重叠式和纵横交错式如图 4-3 所示。

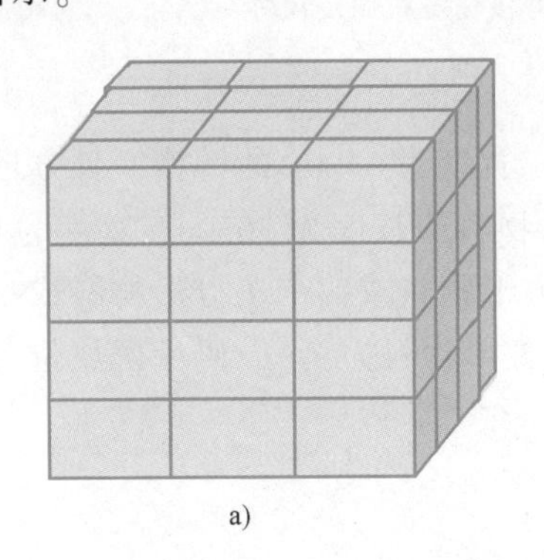
a)

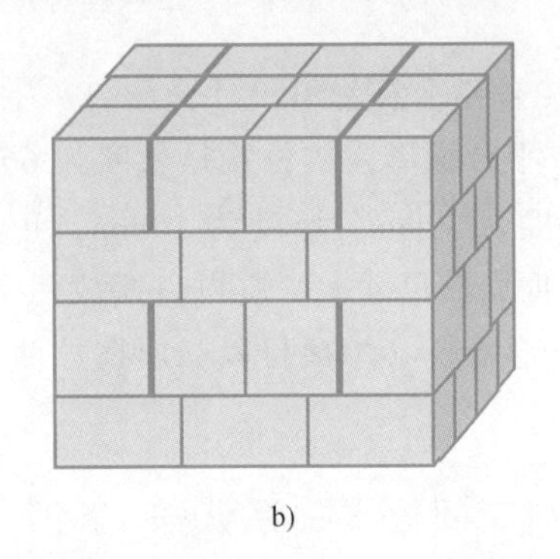
b)

图 4-3 常见码垛的垛形

1. 重叠式

各层码放方式相同，上下对应。这种方式的优点是：操作速度快，包装货物的角和边重叠且垂直，承载能力大；缺点是：各层之间缺少咬合作用，容易发生塌垛。

2. 纵横交错式

相邻层的货物摆放旋转 90°，一层横向放置，一层纵向放置。每层间有一定的咬合效果，但咬合强度不高。

二、码垛工作平台的准备

1. 码垛工作平台介绍

码垛工作平台由码垛面板和码垛物料块组成。码垛面板分为物料放置位和码垛工位，物料块分为长方形和正方形，其中长方形物料块有 10 块，正方形物料块有 10 块，长方形和正方形可进行混合码垛，实现多种垛形码垛。

根据平台码垛功能的要求，选择码垛模块、物料模块和快换工具模块安装在实训平台上，安装布局及尺寸如图 4-4 所示。

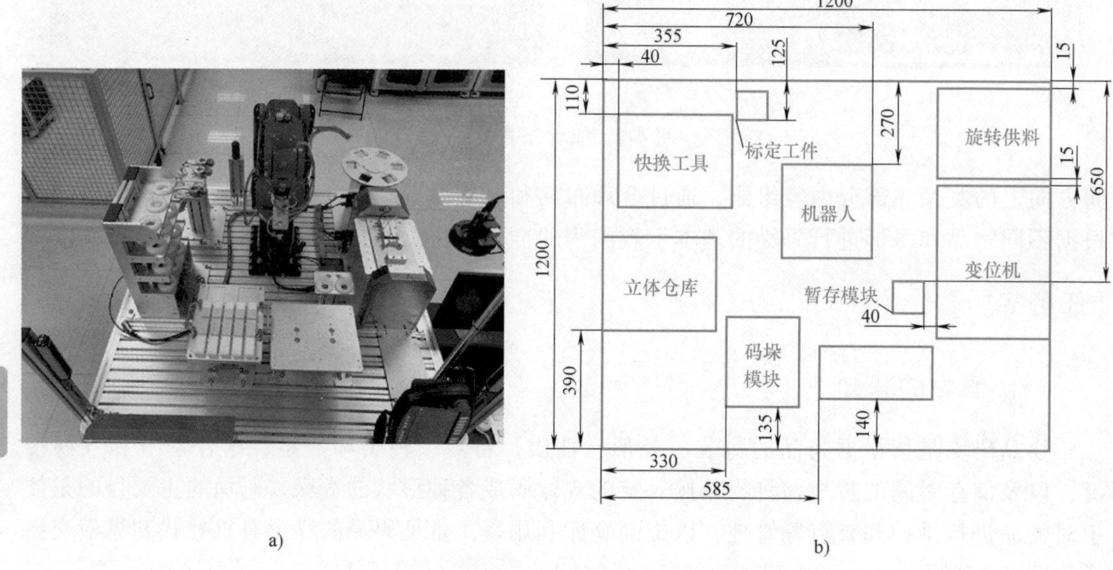

图 4-4　工业机器人码垛考核任务布局及尺寸

2. 码垛工作平台及物料尺寸介绍

码垛工作平台垛形摆放位置是长度为 66mm、宽度为 66mm 的凹槽，长方形物料的长度为 60mm、宽度为 30mm、厚度为 20mm，正方形物料的长度为 30mm、宽度为 30mm、厚度为 20mm。根据垛形尺寸，一层可以摆放两个长方形物料或四个正方形物料或一个长方形物料和两个正方形物料（本项目以一层摆放两个长方形物料为例）。码垛摆放位置及物料尺寸如图 4-5 所示。

三、物料空间位置关系认知

工业机器人对码垛工作平台上的物料进行码垛时，应快速定位各个物料的位置，并确定物料在空间位置上的关联关系。以图 4-5 所示的标好序号的平台为例，机器人移到 1 号物料位置后，其他物料示教位置只需要以 1 号位置为基础，向 X 方向或 Y 方向上进行移动即可。

当机器人与码垛工作平台处于图 4-4 所示的位置时，以机器人的笛卡儿坐标系为参考，长方形 1 号物料在长方形 2 号物料的−Y 方向上，长方形 3 号物料在长方形 2 号物料的+Y 方

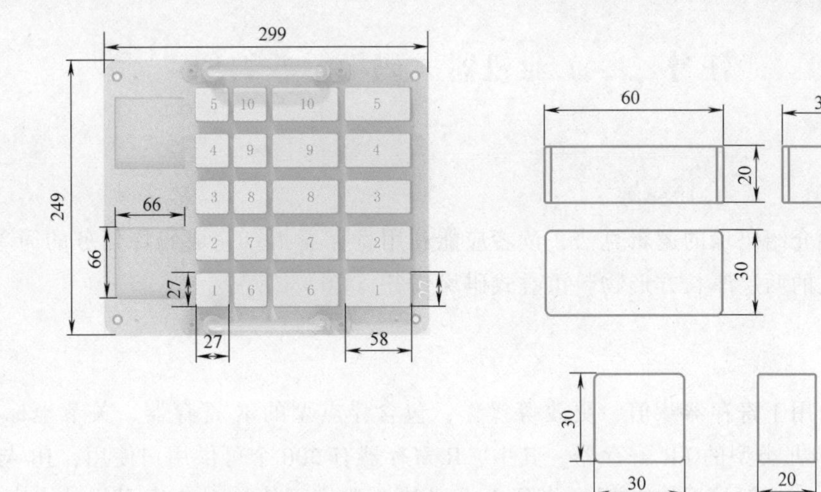

图 4-5　码垛摆放位置及物料尺寸

向，长方形 7 号物料在长方形 2 号物料的-X 方向。

注意：机器人和码垛工作平台的相对位置发生变化时，长方形 2 号物料和长方形 7 号物料相对长方形 1 号物料位置的偏移方向也会不同。

【任务评价】

本任务的重点是培养工业机器人操作人员的安全文明生产职业素养，了解码垛跺形和物料位置关系。任务评价内容分为职业素养和技能操作两部分，具体要求见表 4-1。

表 4-1　工业机器人码垛平台准备任务考核评价表

序号	评价内容	是/否完成	得分
职业素养(50 分)			
1	正确穿戴工作服和安全帽(10 分)		
2	安全规范使用工、量具(10 分)		
3	规范使用示教器(20 分)		
4	器材摆放符合 8S 要求(10 分)		
技能操作(50 分)			
1	正确进行设备的安全通电和通气(5 分)		
2	能够正确区分码垛垛形(5 分)		
3	正确安装码垛工作平台(10 分)		
4	快速在码垛平台指定物料间移动(25 分)		
5	能进行常见电路和气路故障的排除(5 分)		
综合评价			

任务二 工业机器人码垛示教编程

【任务描述】

本任务主要介绍码垛的逻辑算法，读者应能利用寄存器指令完成码垛任务的简单编程，实现工业机器人的两层厚长方形物料重叠式码垛任务。

【知识准备】

寄存器指令用于寄存器赋值、更改等操作，包含浮点型的 R 寄存器、关节坐标类型的 JR 寄存器及笛卡儿类型的 LR 寄存器。其中，R 寄存器有 300 个可供用户使用，JR 与 LR 寄存器各有 300 个。一般情况下，用户将预先设置的参数值赋值给对应索引号的寄存器，如 R［0］=1，JR［0］=JR［1］，LR［0］=LR［1］，寄存器可以直接在程序中使用。程序示例见表 4-2。

表 4-2 寄存器赋值程序示例

语 句	解释说明
JR[0]={0,-90,180,0,90,0}	JR[0][0]指的是 JR 寄存器，索引[0]的第一个轴，即 0
R[1]=1	给浮点型寄存器 R[1]赋值为 1
R[1]=R[2]	将浮点型寄存器 R[2]赋值给 R[1]
R[1]=R[1]+1	将浮点型寄存器 R[1]的值加 1 后再赋值给 R[1]
R[1]=JR[0][0]	将关节坐标型寄存器 JR[0]的第一关节轴数值赋值给 R[1]
JR[1]=JR[2]	将关节坐标型寄存器 JR[2]的六个轴的关节数值赋值给 JR[1]
JR[1]=JR[1]+JR[2]	将关节坐标型寄存器 JR[2]和 JR[1]的六个轴的关节数值相加后赋值给 JR[1]
JR[1][1]=JR[1][R[1]]*2	将关节坐标型寄存器 JR[1]中浮点型寄存器 R[1]数值所代表的轴值乘以 2 后赋值给 JR[1]的第 2 关节轴

寄存器指令包含 R［］、JR［］、LR［］、JR［］［］、LR［］［］、P［］、P［］［］。具体操作步骤如下：

1）选择需要添加寄存指令行的上一行。

2）在操作菜单栏中选择“指令”→“赋值指令”命令，如图 4-6a 所示。

3）在第一个输入框中的“寄存器”列表框中选择寄存器类型，如图 4-6b 所示。

4）在输入框中输入寄存器索引号。

5）在第二个输入框中重复步骤 3）和 4）。

6）单击操作菜单栏中的“确定”按钮，完成赋值寄存器指令的添加。

【任务实施】

完成码垛任务的规划、寄存器点位设置、示教编程和程序检查四个环节。

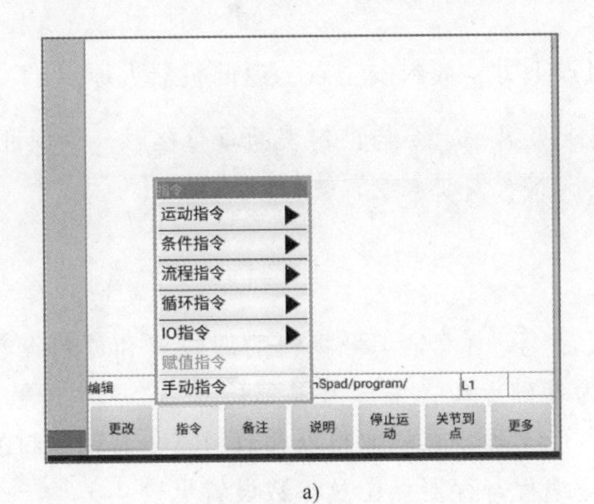

a)

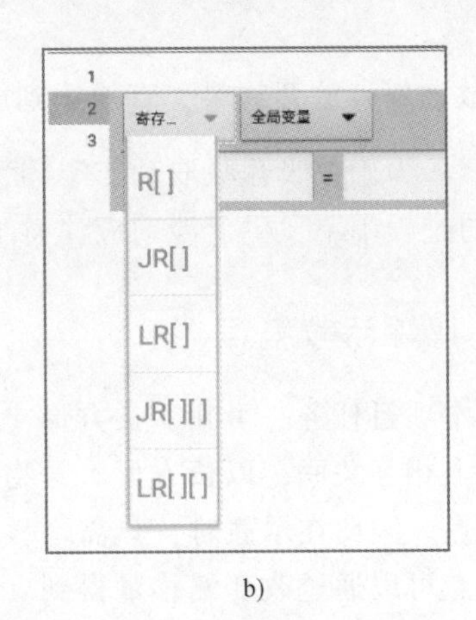

b)

图 4-6　赋值寄存器指令

一、任务规划

机器人码垛任务可分解成“从物料初始位置区取料”“将物料从初始位置区搬动到目标区”以及“到目标区放下物料”一系列任务。机器人的动作主要包括取物料、搬动物料和放物料。机器人码垛前后效果如图 4-7 所示。

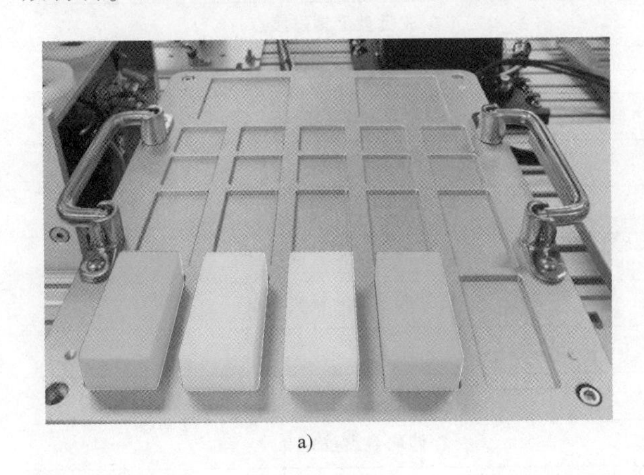
a)

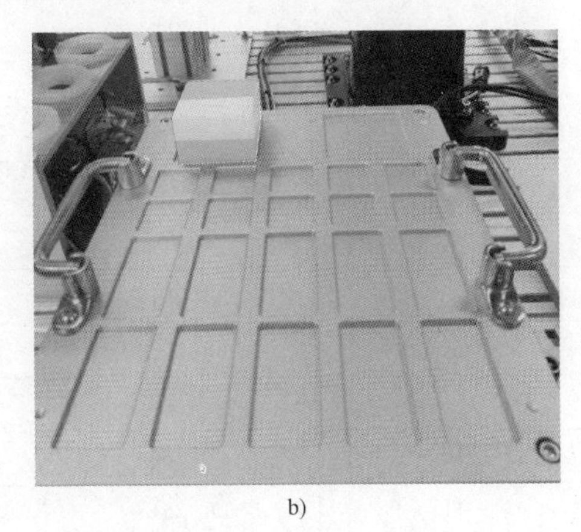
b)

图 4-7　码垛前后效果

1. 手动操作设置

进行示教编程时，需要在一定的坐标模式（关节坐标、基坐标、工具坐标或工件坐标）下，选择一定的运行模式（增量式手动运行模式和程序连续运行方式），手动控制机器人到达一定的位置。

因此，在示教设置运动指令前，必须设定好坐标模式和运行模式，当坐标模式为工具坐标模式时，还需选定相应的坐标系。

2. 动作规划

1）取物料：依次运动到取料安全点、取料上方点、直线运动到取料点，吸取物料。

2）机器人搬运：依次运动到取料点上方、取料安全点、放料安全点、放料点上方点和放料点。

3）放物料：放开物料，直线运到放料点上方，放料安全点，返回机器人原点。

注意：为确保吸盘吸取动作牢固，要求吸盘一定要与物料表面垂直接触。为保证物料在堆叠的过程中不发生干涉，应注意工业机器人吸取、放置物料时的姿态。

二、码垛示教编程

根据本项目任务一可知，长方形 1 号、2 号、3 号、4 号物料的取料点和放料点在空间位置关系上相互关联，以长方形 1 号物料为基础点位，偏移可得到长方形 2 号、3 号、4 号物料位置点。因此在示教时，只需示教长方形 1 号物料的取料点和放料点，其他物料的取料点和放料点可以通过改变偏移量得到。码垛编程寄存器点位及参数设置见表 4-3。

表 4-3 码垛编程寄存器点位及参数设置

序号	寄存器	作用
1	JR[0]	机器人原点
吸盘示教点位		
2	JR[14]	取/放工具外侧
3	JR[34]	取/放吸盘工具过渡点
4	JR[33]	取/放吸盘工具过渡点
5	JR[32]	吸/放吸盘工具点
物料示教点位		
6	JR[73]	码垛取料过渡点
7	JR[74]	码垛放料过渡点
8	LR[201]	长方形 1 号物料取料点
9	LR[203]	长方形 1 号物料放料点
中间变量		
10	LR[250]	存储取料点上方位置变量
11	LR[251]	存储取料点位置变量
12	LR[260]	存储放料点上方位置变量
13	LR[261]	存储放料点位置变量
14	LR[5]	{0,0,20,0,0,0}上方偏移量
15	LR[6]	{0,42,0,0,0,0,0}取料间隔偏移量
16	LR[7]	{-31,0,0,0,0,0}放料间隔偏移量
17	LR[8]	{0,0,20,0,0,0}放料二层摆放偏移量
I/O 端口设置		
18	DO[8]	ON 吸夹具(同时 DO[9]为 OFF)
19	DO[9]	ON 放夹具(同时 DO[8]为 OFF)
20	DO[12]	吸盘夹具产生真空 ON/破坏真空 OFF

三、码垛参考程序

前面已经完成码垛任务的示教，在此基础上通过编程实现工业机器人码垛任务的再现。具体步骤如下：

1）新建名为“XCHMD01”的码垛文件夹。

2）新建或打开名为“XCHMD01”的单层码垛程序。

3）严格按照程序流程图编程并保存程序。

1. 单层码垛

根据前面介绍的码垛平台准备任务可知，物料布局如图 4-8 所示，长方形 2 号物料的取料位置在长方形 1 号物料取料位置 LR［201］的+Y 方向上，长方形 2 号物料的取料点为 LR［201］+LR［6］，其中 LR［6］=｛0，42，0，0，0，0，0｝。同理可得，长方形 2 号物料的放料位置在长方形 1 号物料放料位置 LR［203］的−X 方向上，长方形 2 号物料的放料点为 LR［203］+LR［7］，其中，LR［7］=｛−31，0，0，0，0，0｝。

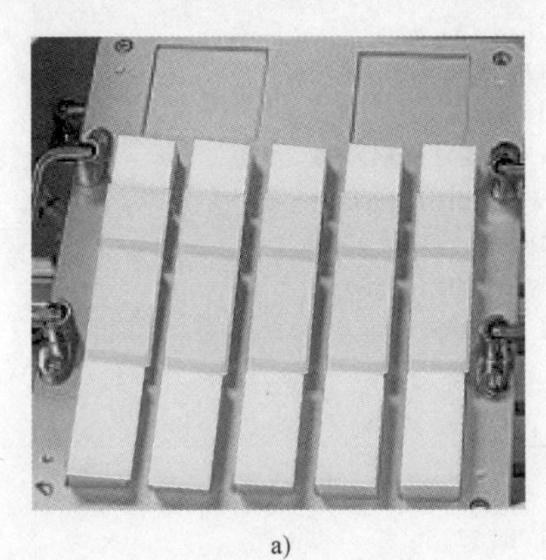

a)

b)

图 4-8　物料位置布局

参考程序见表 4-4。

表 4-4　单层码垛参考程序

序号	动作顺序	程 序 示 例	动作名称
1		J JR[0] L JR[33] L JR[32] VEL=50 DO[8]=OFF DO[9]=ON WAIT TIME=500 L JR[34] L JR[14]	安装吸盘夹具

（续）

序号	动作顺序	程 序 示 例	动作名称
2	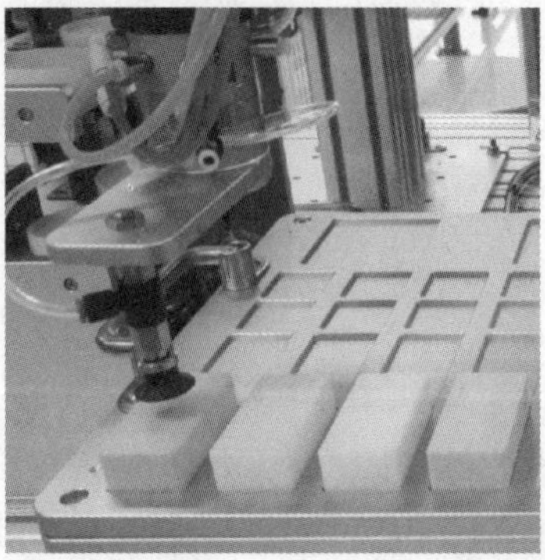	J JR[73] LR[250]=LR[201]+LR[5] J LR[250] L LR[201] VEL=50 WAIT TIME=500 DO[12]=ON WAIT TIME=500 L LR[250]	取长方形 1号物料
3	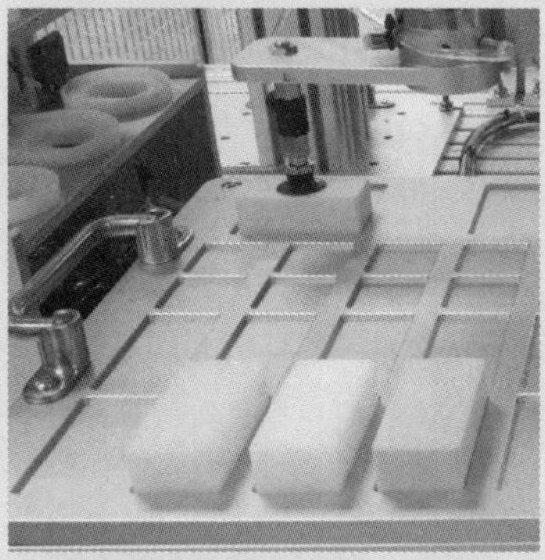	J JR[74] LR[260]=LR[203]+LR[5] J LR[260] L LR[203] VEL=50 WAIT TIME=500 DO[12]=OFF WAIT TIME=500 L LR[260]	放长方形 1号物料
4		J JR[73] LR[250]=LR[201]+LR[6]+LR[5] LR[251]=LR[201]+LR[6] J LR[250] L LR[251] VEL=50 WAIT TIME=500 DO[12]=ON WAIT TIME=500 L LR[250]	取长方形 2号物料
5		J JR[74] LR[260]=LR[203]+LR[7]+LR[5] LR[261]=LR[203]+LR[7] J LR[260] L LR[261] VEL=50 WAIT TIME=500 DO[12]=OFF WAIT TIME=500 L LR[260]	放长方形 2号物料

2. 双层码垛

长方形 3 号物料的取料位置在长方形 1 号物料取料位置 LR［201］的+Y 方向上，长方形 3 号物料的取料点为 LR［201］+2 * LR［6］，其中 LR［6］={0，42，0，0，0，0，0}。长方形 3 号物料的放料位置在长方形 1 号物料放料位置 LR［203］的+Z 方向上，长方形 3 号物料的放料点为 LR［203］+LR［8］，其中，LR［8］= {0，0，20，0，0，0}。

同理，长方形 4 号物料的取料位置在长方形 1 号物料取料位置 LR［201］的+Y 方向上，长方形 4 号物料的取料点为 LR［201］+3 * LR［6］，其中 LR［6］ = {0，42，0，0，0，0，0}。长方形 4 号物料的放料位置在长方形 1 号物料放料位置 LR［203］的+Z 方向上和-X 方向上，长方形 4 号物料的放料点为 LR［203］+LR［8］+LR［7］，其中，LR［8］={0，0，20，0，0，0}，LR［7］={-31，0，0，0，0，0}。

参考程序见表 4-5。

表 4-5 双层码垛参考程序

序号	动作顺序	程序示例	动作名称
1		J JR[73] LR[250]=LR[201]+2 * LR[6]+LR[5] LR[251]=LR[201]+2 * LR[6] J LR[250] L LR[251] VEL=50 WAIT TIME=500 DO[12]=ON WAIT TIME=500 L LR[250]	取长方形 3 号物料
2		J JR[74] LR[260]=LR[203]+LR[8]+LR[5] LR[261]=LR[203]+LR[8] J LR[260] L LR[261] VEL=50 WAIT TIME=500 DO[12]=OFF WAIT TIME=500 L LR[260]	放长方形 3 号物料

（续）

序号	动作顺序	程序示例	动作名称
3		J JR[73] LR[250]=LR[201]+3 * LR[6]+LR[5] LR[251]=LR[201]+3 * LR[6] J LR[250] L LR[251] VEL=50 WAIT TIME=500 DO[12]=ON WAIT TIME=500 L LR[250]	取长方形 4 号物料
4		J JR[74] LR[260]=LR[203]+LR[8]+LR[7]+LR[5] LR[261]=LR[203]+LR[8]+LR[7] J LR[260] L LR[261] VEL=50 WAIT TIME=500 DO[12]=OFF WAIT TIME=500 L LR[260]	放长方形 4 号物料
5		J JR[0] L JR[14] L JR[34] L JR[33] L JR[32] VEL=50 DO[8]=ON DO[9]=OFF WAIT TIME=500 L JR[33] L JR[14] J JR[0]	放吸盘工具

四、程序检查

工业机器人
码垛优化

在完成程序的编制后，要对整个程序指令的格式和动作流程进行初步检查。为防止出现因点位计算错误而出现的误动作，建议利用手动示教的方式检验各物料的点位姿态和位置的准确性。

【任务评价】

本任务的重点是使工业机器人操作人员掌握工业机器人手动操作和工业机器人码垛应用编程的技能。任务评价内容分为职业素养和技能操作两部分，具体要求见表 4-6。

表 4-6　工业机器人码垛示教编程任务考核评价表

序号	评价内容	是/否完成	考核
职业素养(50 分)			
1	正确穿戴工作服和安全帽(10 分)		
2	安全规范使用工、量具(10 分)		
3	规范使用示教器(20 分)		
4	器材摆放符合 8S 要求(10 分)		
技能操作(50 分)			
1	正确进行设备的安全通电和通气(5 分)		
2	合理实现码垛点位示教(5 分)		
3	正确进行偏移量的设定(5 分)		
4	实现单层码垛任务(15 分)		
5	实现双层码垛任务(20 分)		
综合评价			

任务三　工业机器人码垛程序优化

【任务描述】

本任务在读者理解码垛的逻辑算法和寄存器指令应用的基础上，介绍条件指令和循环指令，对码垛程序做进一步的优化。

【知识准备】

一、条件指令

条件指令又称条件比较指令，当某些条件满足时，在指定的标签或程序里产生分支。条件指令包括 IF…GOTO 指令和 IF…CALL 指令。

1. IF…GOTO 指令

该指令首先判断 IF 后的条件是否成立：当条件成立时，执行 GOTO 部分代内容；当条件不成立时，顺序执行 IF 下一行的程序内容。例如，IF<condition>，GOTO LBL [1]。程序示例见表 4-7。

2. IF…CALL 指令

该指令首先判断 IF 后的条件是否成立：当条件成立时，执行子程序 . PRG 代码内容后，再向下顺序执行；当条件不成立时，执行 IF 下一行的程序内容，忽略调用的子程序。例如，IF<condition>，CALL ×××. PRG。

表 4-7 IF…GOTO 使用指令示例

程序指令	解释说明
IF DI[1]=ON,GOTO LBL[1]	判断条件 DI[1]是否为 ON:若为 ON,则直接跳转到 LBL[1]开始执行;若不为 ON,则向下顺序执行
J P[1] VEL=50	若条件为假,则执行语句 J P[1] VEL=50
LBL[1]	标签[1]
DI[1]=OFF	若条件为真时,直接跳转到标签[1],并向下执行该语句

在使用 IF…CALL 指令时，CALL 指令调用子程序，并且在运行完子程序后自动返回 CALL 所在程序行，准备向下顺序执行下一行的程序内容。

IF 后的条件可以是 DI [1]=ON 这类单一条件，也可以是 DI [1]=ON AND DI [2]=OF、AND 与、OR 或等复合条件。程序示例见表 4-8。

表 4-8 IF…CALL 指令示例

程序指令	解释说明
IF DI[1]=ON,CALL TEST. PRG	判断条件 DI[1]是否为 ON:若为 ON,则直接跳转到 CALL 后执行子程序 TEST. PRG 内容,执行完成后返回此处,再继续向下顺序执行;若不为 ON,则忽略 CALL 指令,向下顺序执行
J JR[1] VEL=50	若上一行条件为 ON,则等待调用执行完子程序 TEST. PRG 返回后,再跳转到 JR[1],否则直接跳转到 JR[1]

3. 条件指令编程操作步骤

1）选择需要添加 IF 指令行的上一行。

2）选择“指令”→“条件指令”→“IF” 命令，如图 4-9a 所示。

3）在图 4-9b 所示的界面中可以增加、删除、修改条件，在记录该语句时系统会按照添加顺序依次连接条件列表。单击修改框上方的符号按钮，可以快速增加条件。

4）单击操作菜单栏中的“确定” 按钮，完成 IF 指令的添加。

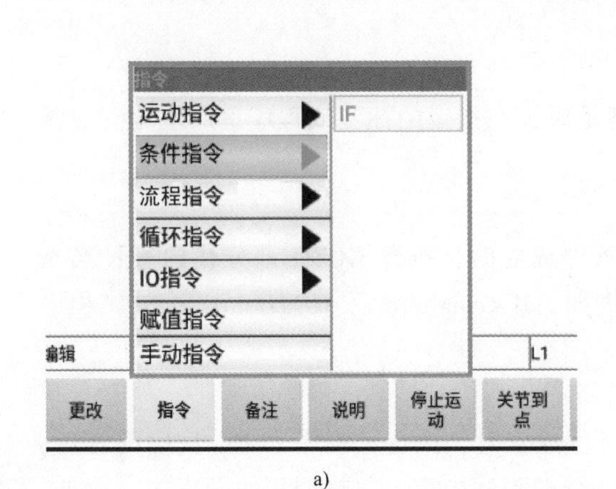

a)

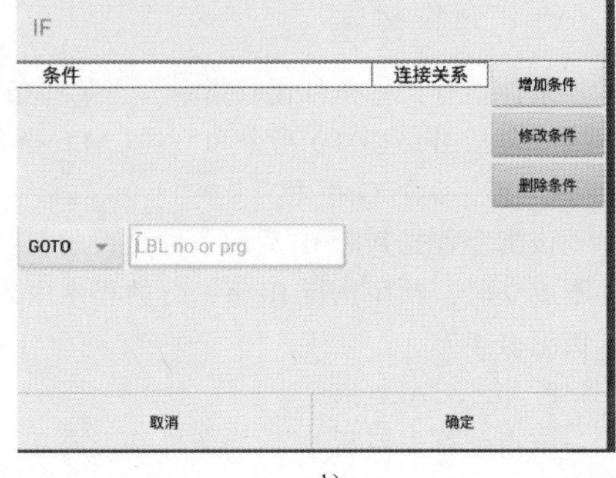

b)

图 4-9 IF 条件指令编程

二、循环指令

工业机器人条件循环指令的功能和用法

1. WHILE 循环指令

WHILE 循环指令根据条件表达式判断循环是否结束：若条件为真，则持续循环；若条件为假，则退出循环体。WHILE 循环指令以最近的一个 END WHILE 语句作为结尾构成一个循环体。关键字 WHILE 和 END WHILE 是用来定义循环体的。利用循环结构，程序体中的程序可以循环多次。WHILE 循环指令程序示例见表 4-9。

表 4-9　WHILE 循环指令示例

程序指令	解释说明
R[1]=0	设置 R[1]的初始值为 0
WHILE R[1]<3	判断循环条件 R[1]<3 是否成立：若成立，则执行循环体（即 WHILE 与 END WHILE 之间语句）；否则，执行 END WHILE
J P[1] VEL=50	运动到 P[1]点
J P[2] VEL=50	两点之间循环运动
R[1]=R[1]+1	循环次数计数。条件表达式 R[1]，每次循环依次为 1，2，3，第四次 R[1]=3 小于 3，条件不满足，退出循环，因此共循环三次
END WHILE	结束循环

2. BREAK 指令

WHILE 循环体也可接 BREAK 指令。当执行到循环体内某行程序需要强制退出循环体时，可使用 BREAK 指令，退出当前循环体。

3. 循环指令编程操作步骤

1）选择需要插入的指令行的上一行。

2）选择“指令”→“循环指令”→“WHILE”命令，如图 4-10a 所示。

3）在图 4-10b 所示的界面中单击“增加条件”按钮，增加“R［1］=0”条件。

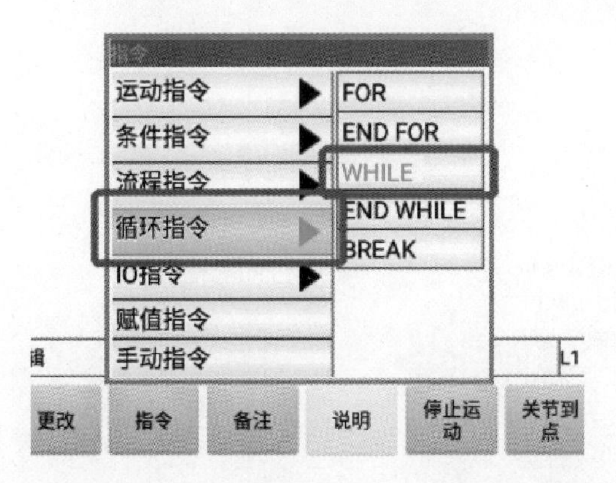

a)

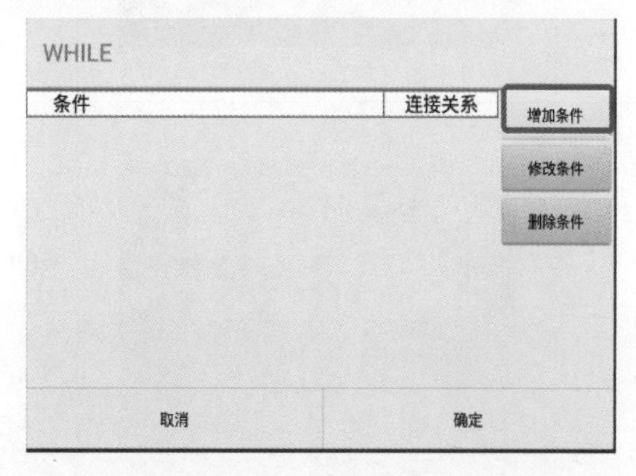

b)

图 4-10　循环指令编程

4）连续单击“确定”按钮，添加 WHILE R［1］=0。

5）选择“指令”→“循环指令”→“END WHILE”命令。

6）在打开的界面中单击“确认”按钮，完成 WHILE 循环指令的添加。

【任务实施】

一、码垛程序优化设计

在机器人码垛过程中，机器人完成的动作是重复的。当码垛物料数量很大时，重复写相同动作的取、放程序，程序重复性太大。这时可以使用 WHILE 指令，只要条件满足便重复运行相同的程序。循环指令的结构如图 4-11 所示。

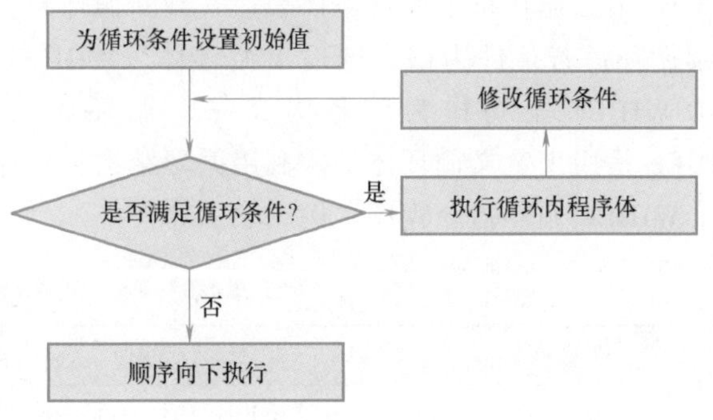

图 4-11 循环指令结构

二、码垛优化参考程序（表 4-10）

表 4-10 码垛优化参考程序

序号	动作顺序	程序示例	程序作用
1		J JR[0] L JR[33] L JR[32] VEL=50 DO[8]=OFF DO[9]=ON WAIT TIME=500 L JR[34] L JR[14]	安装吸盘夹具
2		R[1]=0 WHILE R[1]<4 R[1]=R[1]+1 IF R[1]=1,GOTO LBL[1] IF R[1]=2,GOTO LBL[2] IF R[1]=3,GOTO LBL[3] GOTO LBL[4]	循环初始化，IF 条件判断

（续）

序号	动作顺序	程序示例	程序作用
3		LBL[1] LR[250]=LR[201]+LR[5] LR[251]=LR[201]	给变量赋值，作用是取长方形1号物料，进而为实现图中动作做准备
4		LR[260]=LR[203]+LR[5] LR[261]=LR[203] GOTO LBL[5]	给变量赋值，作用是放长方形1号物料，进而为实现图中动作做准备
5		LBL[2] LR[250]=LR[201]+LR[6]+LR[5] LR[251]=LR[201]+LR[6]	给变量赋值，作用是取长方形2号物料，进而为实现图中动作做准备

（续）

序号	动作顺序	程序示例	程序作用
6		LR[260]=LR[203]+LR[7]+LR[5] LR[261]=LR[203]+LR[7] GOTO LBL[5]	给变量赋值，作用是放长方形 2 号物料，进而为实现图中动作做准备
7	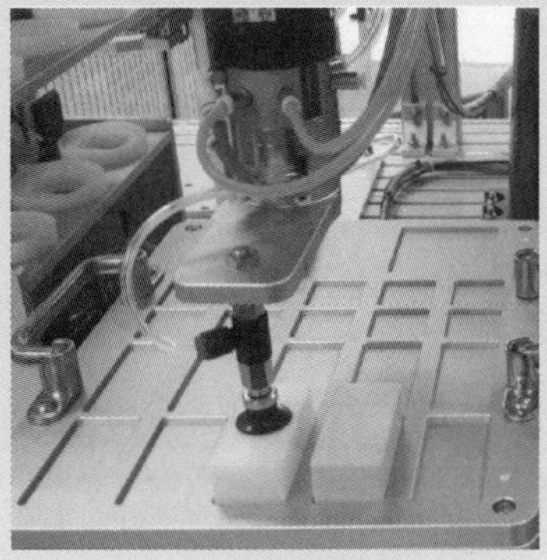	LBL[3] LR[250]=LR[201]+2 * LR[6]+LR[5] LR[251]=LR[201]+2 * LR[6]	给变量赋值，作用是取长方形 3 号物料，进而为实现图中动作做准备
8		LR[260]=LR[203]+LR[8]+LR[5] LR[261]=LR[203]+LR[8] GOTO LBL[5]	给变量赋值，作用是放长方形 3 号物料，进而为实现图中动作做准备

（续）

序号	动作顺序	程序示例	程序作用
9	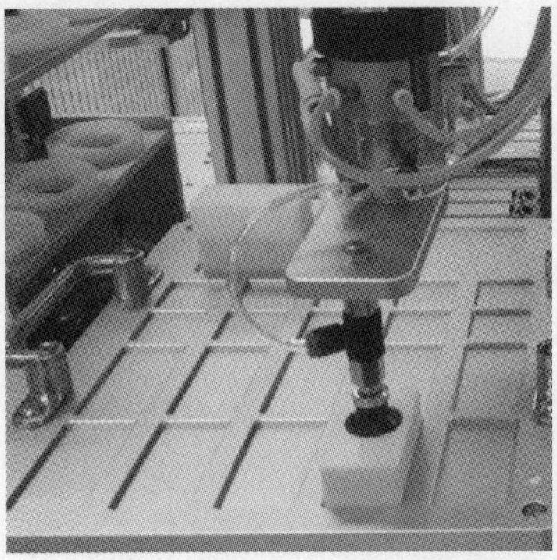	LBL[4] LR[250]=LR[201]+3*LR[6]+LR[5] LR[251]=LR[201]+3*LR[6]	给变量赋值，作用是取长方形4号物料，进而为实现图中动作做准备
10	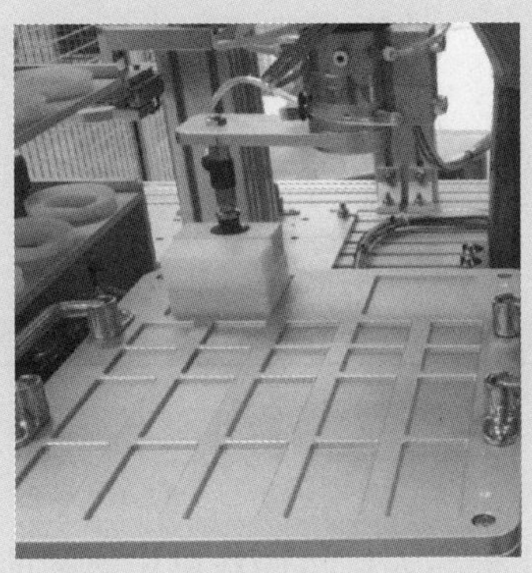	LR[260]=LR[203]+LR[8]++LR[7]+LR[5] LR[261]=LR[203]+LR[8]+LR[7] GOTO LBL[5]	给变量赋值，作用是放长方形4号物料，进而为实现图中动作做准备
11		LBL [5] J JR[73] J LR[250] L LR[251] VEL=50 WAIT TIME=500 DO[12]=ON WAIT TIME=500 L LR[250]	根据变量当前值，完成长方形1、2、3、4号物料的取料动作

（续）

序号	动作顺序	程 序 示 例	程序作用
12		J LR[260] L LR[261] VEL=50 WAIT TIME=500 DO[12]=OFF WAIT TIME=500 L LR[260] END WHILE	根据变量当前值,完成长方形1、2、3、4号物料的放料动作
13		J JR[0] L JR[14] L JR[34] L JR[33] L JR[32] VEL=50 DO[8]=ON DO[9]=OFF WAIT TIME=500 L JR[33] L JR[14] J JR[0]	放置吸盘夹具

【任务评价】

本任务的重点是提高工业机器人操作人员对工业机器人搬运码垛应用编程的优化的技能。任务评价内容分为职业素养和技能操作两部分，具体要求见表4-11。

表4-11 工业机器人码垛程序优化任务考核评价表

序号	评价内容	是/否完成	得分
职业素养(50分)			
1	正确穿戴工作服和安全帽(10分)		
2	安全规范使用工、量具(10分)		
3	规范使用示教器(20分)		
4	器材摆放符合8S要求(10分)		
技能操作(50分)			
1	正确进行设备的安全通电和通气(10分)		
2	合理简化单层码垛程序(10分)		
3	合理简化双层码垛程序(10分)		
4	连续自动运行搬运物料完整程序(20分)		
综合评价			

工业机器人码垛示教编程模拟考核

请选择实训考核平台的码垛模块、快换工具模块及外围设备，并进行合理布局，搭建码垛工作站。使用吸盘夹具将物料仓（图 4-12a）里的物料块（取三块长方形物料，两块正方形物料）按图 4-12b 所示的位置进行码垛。

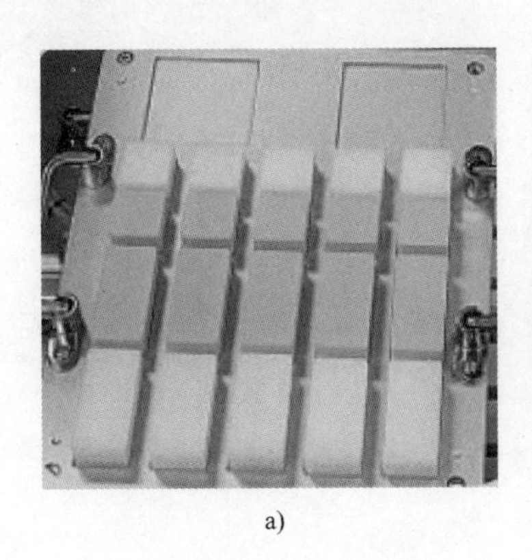
a)

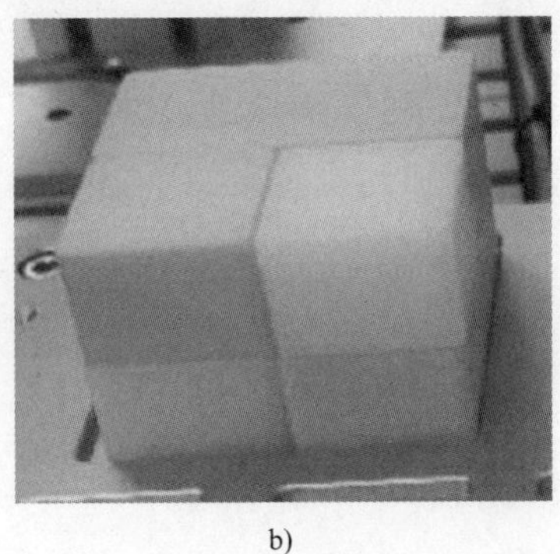
b)

图 4-12　码垛任务位置

考核任务要求如下：

1）依据平台布局及安装尺寸规范安装码垛模块和快换工具模块，并按照表 4-12 的要求自定义辅助按钮并配置 I/O 地址。

表 4-12　自定义辅助按钮

说明	I/O 地址	信号类型	信号说明
辅助按钮 1	DO[8]	ON/OFF	夹具操作
辅助按钮 2	DO[9]	ON/OFF	夹具操作
辅助按钮 3	DO[12]	ON/OFF	吸盘夹具产生真空/破坏真空

2）规划一个物料的码垛任务的关键点位，编制五个物料码垛的程序流程图和程序，完成任务工单。

3）经手动调试程序后以 10%的运动速度循环连续运行码垛程序。

任务工单

一、规划动作点位（表 4-13）

表 4-13　规划动作点位

序号	寄存器标号	名称	动作	序号	寄存器标号	名称	动作
1				6			
2				7			
3				8			
4				9			
5				⋮			

二、程序流程图

三、示教程序清单

考核说明：

1）职业素养与技能操作两部分同步考核，并采用现场实际操作的方式。

2）考核时间为90min，满分为100分，任务考核评价表见表4-14。

表4-14 任务考核评价表

序号	评价内容	是/否完成	得分
职业素养(50分)			
1	正确穿戴工作服和安全帽(10分)		
2	安全规范使用工、量具(10分)		
3	规范使用示教器(20分)		
4	器材摆放符合8S要求(10分)		
技能操作(50分)			
1	正确安装、调整码垛模块和快换工具模块(4分)		
2	合理配置吸盘I/O信号快捷按钮(5分)		
3	以合理姿态移动机器人至取料点(4分)		
4	以合理位置牢固吸取长方形物料(4分)		
5	以合理姿态移动机器人至长方形物料放料点(4分)		
6	准确放置长方形物料到指定位置(4分)		
7	以合理姿态移动机器人至正方形物料取料过渡点(4分)		
8	以合理姿态移动机器人至正方物料取料点(4分)		
9	以合理位置牢固吸取正方形物料(4分)		
10	以合理姿态移动机器人至正方形物料放料点(4分)		
11	正确回机器人原点(4分)		
12	以10%的运动速度自动运行完整程序(5分)		
综合评价			

项目五 工业机器人装配操作与编程

【项目描述】

本项目由工业机器人进行电动机自动化装配平台的准备、示教编程、程序运行调试及优化三个任务组成。通过对相关内容的理实一体化学习，读者能够认识并了解工业机器人对整套电动机装配的工艺流程。综合前几个项目所学知识点对机器人电动机装配任务进行合理规划，利用寄存器指令和子程序创建装配程序并实现结构化。本项目的工作任务及职业技能点如图 5-1 所示。

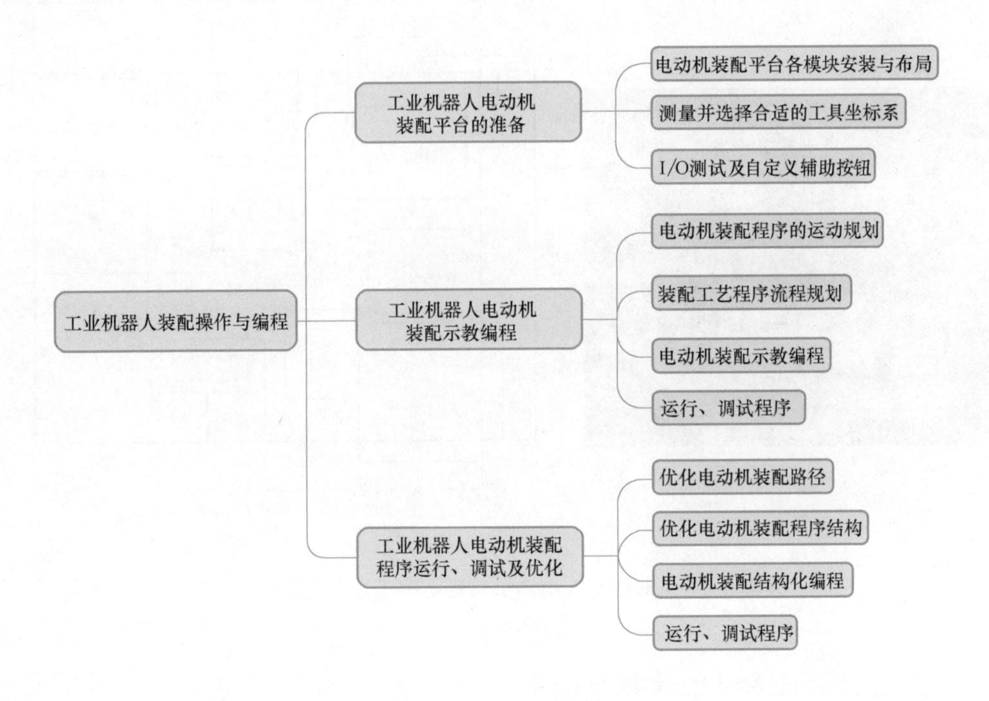

图 5-1　工业机器人装配操作与编程工作任务及职业技能点

任务一　工业机器人电动机装配平台的准备

在执行电动机装配任务前，首先需要对机器人工作站电动机装配模块进行安装及固定，然后选择合适的工装夹具，最后根据机器人 I/O 分配表对信号进行测试，并对示教器辅助按键进行配置。

【任务描述】

本任务介绍华数工业机器人系统 HSR-JR603 工业机器人考证设备电动机装配的各模块以及各模块的安装与布局。电动机装配任务主要涉及快换工具模块、电动机装配模块、变位机模块、立体仓库模块。工业机器人操作人员应能够根据不同任务进行夹具的选择，并能够根据设备 I/O 分配表对机器人辅助按键进行配置。

【任务实施】

一、电动机装配平台各模块的安装及布局

根据电动机装配任务的要求，选择快换工具模块、电动机装配模块、变位机模块、立体仓库模块等，并安装在实训平台上，安装效果及尺寸如图 5-2 所示。

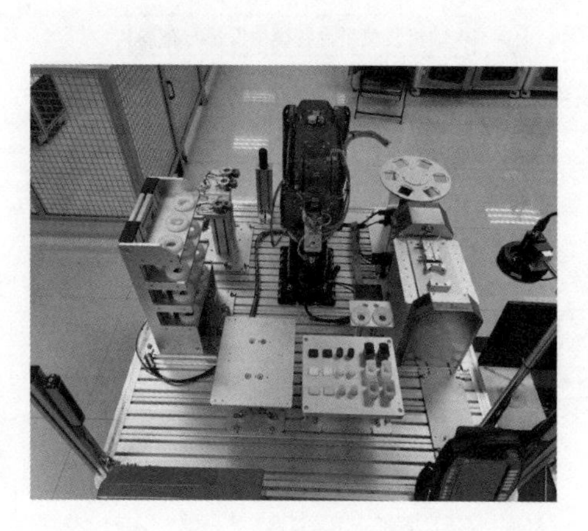

a)

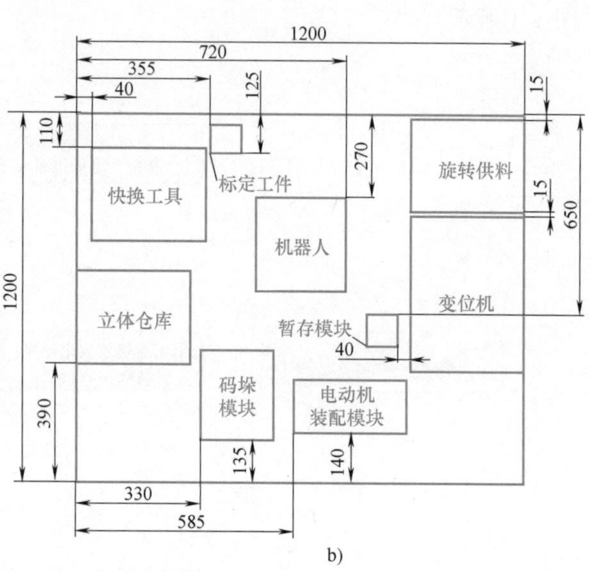

b)

图 5-2 工业机器人电动机装配考核任务布局及尺寸

二、测量并选择合适的工具坐标系

快换工具模块配置了多种机器人末端工具，主要包括直口夹具、弧口夹具、机器人标定尖端夹具、吸盘工具。另有可自主更换安装的焊接工具、涂胶工具、打磨工具和雕刻工具。对于电动机装配任务来说，末端工具的选择非常重要，选择合适的工具对于提高机器人作业效率、减少机器人故障有十分重要的意义。

电动机装配任务主要用到平口夹具和吸盘工具，如图 5-3 所示。平口夹具用于夹持电动机外壳和电动机转子，吸盘工具用于电动机盖板的安装。

整套电动机装配作业过程中，为了精确控制装配精度，要求对机器人末端执行点轨迹进

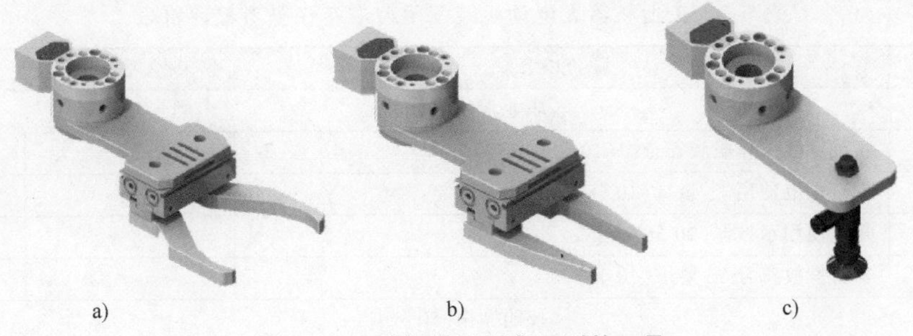

图 5-3 电动机装配任务用到的工具

行连续控制。因此，需要对平口夹具和吸盘工具分别进行工具坐标系测量，并依次保存在UT10 和 UT11 坐标系中。测量方法和验证过程参考本书中项目三的内容。

三、I/O 测试及自定义辅助按钮

机器人末端工具均由机器人控制器控制 I/O 模块实现状态切换，采用工具快换装置，可配置多种机器人末端工具，实现设备的多种功能快速自动切换。本设备的机器人信号接口定义见表 5-1。

表 5-1 机器人信号接口定义

机器人 I/O	功 能	机器人 I/O	功 能
DO[8]	快换松	DO[11]	夹具紧
DO[9]	快换紧	DO[12]	吸盘
DO[10]	夹具松		

为方便后续编程调试，需要对机器人 I/O 进行接线、定义及测试。I/O 测试操作步骤如下：

1）在主菜单中选择“显示”→“输入/输出端”→“数字输出端”命令。

2）根据表 5-1 选择特定的输出端，通过界面右边“值”按钮对 I/O 进行强制操作。

3）观察机器人 TCP 末端夹具吸合状态（需打开设备气源）。

4）若机器人 I/O 信号与实际接线不符，以实际接线为准。

机器人 I/O 测试结束后，可对工业机器人备用按钮进行配置。根据考证平台机器人 I/O 分配表，分别对辅助按钮进行配置（表 5-2）并测试。

表 5-2 自定义辅助按钮

说 明	I/O 地址	信号类型	信号说明
辅助按钮 1	DO[8]	ON/OFF	快换松
辅助按钮 2	DO[9]	ON/OFF	快换紧
辅助按钮 3	DO[12]	ON/OFF	吸盘工具产生真空/破坏真空

【任务评价】

本任务的重点是培养工业机器人操作人员的装配流程、配置及检测示教器辅助按钮等技能。任务评价内容分为职业素养和技能操作两部分，具体要求见表 5-3。

表 5-3 工业机器人电动机装配平台准备任务考核评价表

序号	评价内容	是/否完成	得分
职业素养(50分)			
1	正确穿戴工作服和安全帽(10分)		
2	安全规范使用工、量具(10分)		
3	规范使用示教器(20分)		
4	器材摆放符合8S要求(10分)		
技能操作(50分)			
1	能按图样正确安装电动机装配平台(10分)		
2	正确选择合适的装配工具(10分)		
3	测试所需机器人的I/O信号(10分)		
4	正确配置示教器辅助按钮(10分)		
5	正确排除常见电路和气路的故障(10分)		
综合评价			

任务二 工业机器人电动机装配示教编程

程序是为了实现某个特定目标而设计的一组具有可操作性的工作指令。对于机器人而言，程序就是机器人系统可以识别的一组有序指令，也可以看作对一系列动作的执行过程的描述。

【任务描述】

本任务以电动机装配为例，介绍工业机器人主程序、子程序的创建，编写和程序结构规划方法，读者应掌握机器人运动指令、寄存器指令、延时指令、I/O指令和坐标系调用指令的使用方法，学会分析任务并且能够正确规划运动路径，完成工业机器人电动机装配的示教编程。

【知识准备】

坐标系指令分为工件坐标系（UFRAME）指令和工具坐标系（UTOOL）指令，用户可以选择定义的坐标系编号，以便在程序中进行坐标系的切换，工具、工件号为0~15，其默认坐标系为1。坐标系指令常用于程序调用工具、工件号。在程序中记录点位时，若使用了工具、工件，则需把工具坐标系、工件坐标系添加至程序中。程序示例见表5-4。

表 5-4 坐标系指令示例

程序指令	解释说明
UTOOL_NUM=1	激活1号工具坐标系
LP[1]	以1号工具坐标系为执行点运动至P[1]
LP[2]	以1号工具坐标系为执行点运动至P[2]
UTOOL_NUM=2	激活2号工具坐标系
LP[1]	以2号工具坐标系为执行点运动至P[1]
LP[2]	以2号工具坐标系为执行点运动至P[2]

添加坐标系调用指令的操作步骤如下：

1）选择需要添加寄存指令行的上一行。

2）选择“指令”→“赋值指令”命令。

3）在第一个输入框中的“全局变量”列表框中选择变量类型。

4）在第二个输入框中输入值，如图 5-4 所示。

5）单击操作菜单栏中的“确定”按钮，完成赋值全局变量指令的添加。

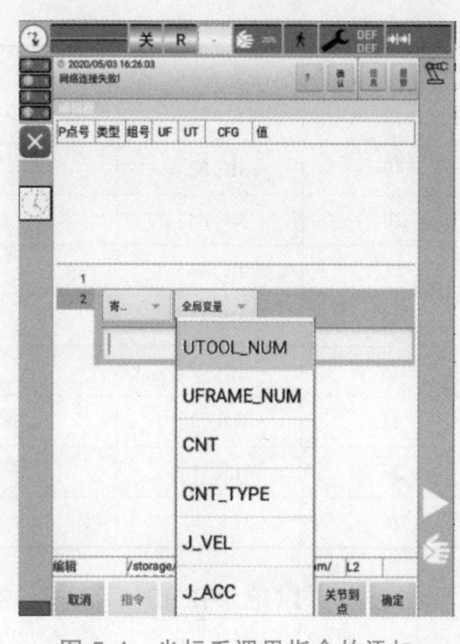

图 5-4　坐标系调用指令的添加

【任务实施】

完成电动机装配程序的运动规划、装配工艺程序流程规划和示教编程等环节。

一、电动机装配程序的运动规划

1. 电动机装配点位规划

根据考核平台的电动机装配各模块安装位置及考核要求，合理规划机器人运动示教点位，将装配流程中涉及的相关点位信息全部示教保存至机器人全局变量 JR［］和 LR［］中，见表 5-5。

表 5-5　关键点位动作规划表

序号	标号	名称	点位说明
1	JR[0]	原始点	机器人工作准备
2	LR[131]	电动机壳体	电动机壳体取料位置
3	LR[138]	电动机转子	电动机转子取料位置
4	LR[145]	电动机盖板	电动机盖板取料位置
5	LR[152]	放库 1	电动机仓库放料位置
6	JR[14]	工具台过渡点	过渡点
7	JR[23]	直口夹具锁紧位	取直口夹具位置
8	JR[24]	直口夹具锁紧位上方	过渡点
9	JR[32]	吸盘工具锁紧位	单吸盘工具锁紧位置
10	JR[33]	吸盘工具锁紧位上方	过渡点
11	JR[34]	吸盘工具上方	过渡点
12	JR[45]	直口夹具升高一点	过渡点
13	JR[46]	直口夹具外退一点	过渡点
14	JR[47]	直口夹具上升很高	过渡点
15	JR[71]	过渡点	过渡点
16	JR[72]	立体仓库过渡点	过渡点
17	JR[78]	装套 1 上	装电动机套 1 的上方点

（续）

序号	标号	名称	点位说明
18	JR[80]	装电 1	装电动机 1 位置
19	JR[82]	装电 1 上	装电动机 1 位置的上方点
20	JR[84]	装板 1	装盖板 1 位置
21	JR[86]	装盖板 1 上	装盖板 1 位置的上方点
22	JR[88]	取 1	取料点 1 位置
23	JR[90]	取 1 上	取料点 1 位置的上方点
24	LR[0]	搬运上方计算位 1	过渡点
25	LR[1]	搬运上方计算位 2	过渡点
26	LR[5]	Z 方向偏移量	增量

过渡点可以记录在 JR [ ] 寄存器中，而机器人末端工具若要精确到达取料、放料、装配位置，则需要使用 LR [ ] 寄存器记录。

注意：

1）示教 LR [ ] 寄存器位姿时，需要选择对应的工具坐标系和工件坐标系。

2）在示教点位的过程中，当手动操纵机器人接近目标点时，应不断调整手动运行倍率，离目标点越近，速度应越慢。

3）对于精确装配的点位，为避免发生干涉，靠近目标后需使用合适的增量方式进行操作。

4）从 JR [ ]、LR [ ] 变量列表获取坐标后，需及时单击“保存”按钮，以免数据丢失。

2. 电动机装配路径规划

电动机装配路径规划分为取直口夹具、电动机外壳装配、电动机转子装配、放直口夹具、取吸盘工具、电动机端盖装配以及放吸盘工具。路径规划如图 5-5 所示。

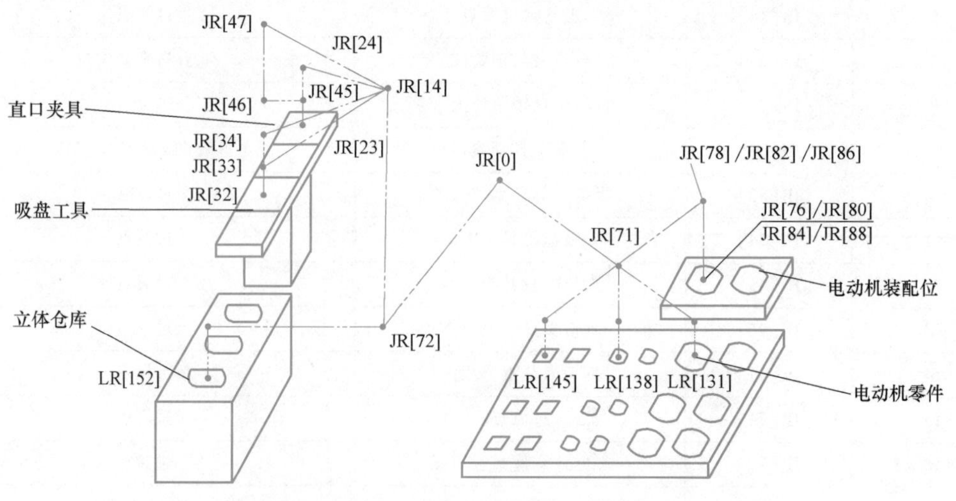

图 5-5　电动机装配路径规划

二、装配工艺程序流程规划

根据电动机装配路径规划流程和设备安装位置，电动机装配综合流程图和程序流程图分别如图 5-6 和图 5-7 所示。

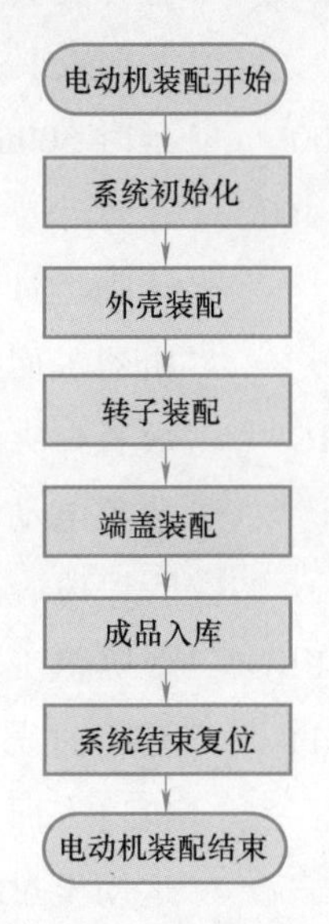

图 5-6　电动机装配综合流程图

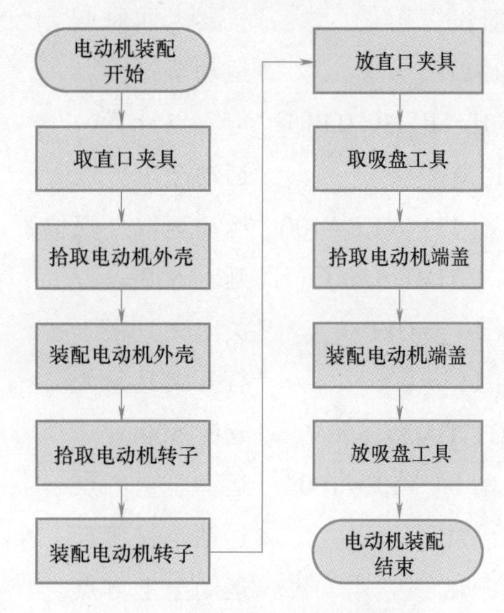

图 5-7　电动机装配程序流程图

三、电动机装配示教编程

为了使工业机器人按照运动规划的点位及路径实现电动机装配，需要利用示教器编写一组机器人系统可以识别的有序指令。示教编程步骤如下：

1）新建名为“DJZP01”的电动机装配主程序。

2）为方便多次调用，分别新建名为“P_F”放直口夹具、“P_Q”取直口夹具、“PRG51”取吸盘工具和“PRG52”放吸盘工具子程序。

3）分别打开新建的程序，进行指令的添加。

四、参考程序

电动机装配程序 DJZP01

```
<attr>
VERSION:0
GROUP:[0]
<end>
<pos>
<end>
<program>
UTOOL_NUM = 10          '调用 10 号工具坐标系
UFRAME_NUM = -1         '调用默认工件坐标系
DO[8] = OFF             '复位快换松
DO[9] = OFF             '复位快换紧
DO[10] = OFF            '复位夹具松
DO[11] = OFF            '复位夹具紧
DO[12] = OFF            '复位吸盘
J JR[0]                 '机器人回原点
```

```
                        '蓝色电动机外壳装配程序段
CALL "P_Q. PRG"         '取直口夹具
UTOOL_NUM=10            '调用10号工具坐标系
J JR[0]                 '机器人回原点
J JR[71]                '运动至过渡点
LR[0]=LR[131]+LR[5]     '上方点计算
J LR[0]                 '运动至上方点
L LR[131] VEL=100       '运动至取外壳位置
WAIT TIME=500           '延时500ms
DO[10]=OFF              '关闭夹具松
DO[11]=ON               '打开夹具紧
WAIT TIME=500           '延时500ms
L LR[0] VEL=100         '运动至上方点
J JR[71]                '运动至过渡点
J JR[78]                '运动至上方点
L JR[76] VEL=10         '运动至外壳安装位置
WAIT TIME=500           '延时500ms
DO[10]=ON               '打开夹具松
DO[11]=OFF              '关闭夹具紧
WAIT TIME=500           '延时500ms
L JR[78] VEL=100        '运动至上方点
J JR[71]                '运动至过渡点
                        '蓝色电动机转子装配程序段
J JR[71]                '运动至过渡点
LR[0]=LR[138]+LR[5]     '上方点计算
J LR[0]                 '运动至上方点
L LR[138] VEL=100       '运动转子取料点
WAIT TIME=500           '延时500ms
DO[10]=OFF              '关闭夹具松
DO[11]=ON               '打开夹具紧
WAIT TIME=500           '延时500ms
L LR[0] VEL=100         '运动至上方点
J JR[71]                '运动至过渡点
J JR[82]                '运动至转子装配上方点
L JR[80] VEL=100        '运动至转子装配点
WAIT TIME=500           '延时500ms
DO[10]=ON               '打开夹具松
DO[11]=OFF              '关闭夹具紧
WAIT TIME=500           '延时500ms
L JR[82] VEL=100        '运动至转子装配上方点
J JR[71]                '运动至过渡点
J JR[0]                 '机器人回原点
CALL "P_F. PRG"         '放直口夹具
                        '蓝色电动机端盖装配程序段
CALL "PRG51. PRG"       '取吸盘工具
UTOOL_NUM=11            '调用11号工具坐标系
J JR[0]                 '机器人回原点
J JR[71]                '运动至过渡点
LR[0]=LR[145]+LR[5]     '计算上方点
J LR[0]                 '运动至取端盖上方点
L LR[145] VEL=10        '运动端盖取料点
WAIT TIME=500           '延时500ms
DO[12]=ON               '打开吸盘
WAIT TIME=500           '延时500ms
L LR[0] VEL=100         '运动至取端盖上方点
J JR[71]                '运动至过渡点
J JR[86]                '运动至装配端盖上方点
L JR[84] VEL=100        '运动至装配端盖点
WAIT TIME=500           '延时500ms
DO[12]=OFF              '关闭吸盘
WAIT TIME=500           '延时500ms
L JR[86] VEL=100        '运动至装配端盖上方点
J JR[71]                '运动至过渡点
J JR[0]                 '机器人回原点
CALL "PRG52. PRG"       '放吸盘工具
                        '电动机成品入库程序段
CALL "P_Q. PRG"         '取直口夹具
```

```
UTOOL_NUM  =10       '调用10号工具坐标系
J JR[0]              '机器人回原点
J JR[71]             '运动至过渡点
J JR[90]             '运动至成品上方点
L JR[88] VEL=100     '运动至成品点
WAIT TIME=500        '延时500ms
DO[10]=OFF           '关闭夹具松
DO[11]=ON            '打开夹具紧
WAIT TIME=500        '延时500ms
L JR[90] VEL=10      '运动至成品上方点
J JR[71]             '运动至过渡点
J JR[0]              '机器人回原点
J JR[72]             '运动至过渡点
LR[1]=LR[152]+LR[5]  '计算入库上方点
J LR[1]              '运动至入库上方点
L LR[152] VEL=100    '运动至入库点
WAIT TIME=500        '延时500ms
DO[10]=ON            '打开夹具松
DO[11]=OFF           '关闭夹具紧
WAIT TIME=500        '延时500ms
L LR[1] VEL=10       '运动至入库上方点
L JR[72]             '运动至过渡点
CALL "P_F. PRG"      '放直口夹具
UTOOL_NUM   -1       '调用默认工具坐标系
J JR[0]              '机器人回原点
<end>

<attr>               '取直口夹具子程序P_Q
VERSION:0
GROUP:[0]
<end>
<pos>
<end>
<program>
DO[8]=ON             '打开快换松
DO[9]=OFF            '关闭快换紧
DO[10]=OFF           '关闭夹具松
DO[11]=OFF           '关闭夹具紧
J JR[14]             '运动至过渡点
J JR[24]             '运动至锁紧位上方
L JR[23] VEL=100     '运动至锁紧位
DO[8]=OFF            '关闭快换松
DO[9]=ON             '打开快换紧
WAIT TIME=500        '延时500ms
L JR[45] VEL=100     '运动至锁紧位高一点
L JR[46]             '运动至锁紧位退一点
L JR[47]             '运动至夹具逃离点
J JR[14]             '运动至过渡点
L JR[72]             '运动至过渡点
<end>

<attr>               '放直口夹具子程序P_F
VERSION:0
GROUP:[0]
<end>
<pos>
<end>
<program>
                     '放平口夹具
DO[10]=OFF           '关闭夹具松
DO[11]=OFF           '关闭夹具紧
J JR[0]              '机器人回原点
J JR[72]             '运动至过渡点
L JR[14]             '运动至过渡点
J JR[47]             '运动至夹具逃离点
L JR[46]             '运动至锁紧位退一点
L JR[45] VEL=100     '运动至锁紧位高一点
L JR[23] VEL=100     '运动至锁紧位
DO[8]=ON             '打开快换松
DO[9]=OFF            '关闭快换紧
WAIT TIME=500        '延时500ms
L JR[24] VEL=100     '运动至锁紧位上方
J JR[14]             '运动至过渡点
<end>

< attr >             '取吸盘工具子程序PRG51
VERSION:0
```

```
GROUP:[0]
<end>
<pos>
<end>
<program>
L JR[33]                 '运动至吸盘位上方
L JR[32] VEL=50          '运动至吸盘位
DO[8]=OFF                '关闭快换松
DO[9]=ON                 '打开快换紧
WAIT TIME=500            '延时 500ms
L JR[34]                 '运动至吸盘位上方
L JR[14]                 '工具台外侧
L JR[72]                 '运动至过渡点
<end>

< attr >                 '放吸盘工具子程序 PRG52
VERSION:0
```

```
GROUP:[0]
<end>
<pos>
<end>
<program>
J JR[0]                  '机器人回原点
J JR[72]                 '运动至立体仓库过渡
L JR[14]                 '工具台外侧
L JR[34]                 '开始放吸盘工具
L JR[33]                 '运动至吸盘位上方
L JR[32] VEL=50          '运动至吸盘位
DO[8]=ON                 '打开快换松
DO[9]=OFF                '关闭快换紧
WAIT TIME=500            '延时 500ms
L JR[33]                 '运动至吸盘位上方
L JR[14]                 '工具台外侧
<end>
```

五、检查程序

在 T1 模式下，加载主程序“DJZP01”，若系统无报警，则证明程序不存在语法问题。切换至单步模式，以 20%的速度倍率执行程序，根据运动规划逐行检查程序的可行性。

在 AUTO 模式下，加载主程序“DJZP01”，以 20%的速度倍率执行程序，完成一套电动机的装配。

注意：

1）若加载主程序“DJZP01”，示教器信息窗口显示报警或警告，应查看并解决后消除报警，然后重新加载主程序。

2）在手动 T1 模式下，单步调试程序时应注意观察程序指针，当执行到运动指令时注意放慢机器人手动运行速度，以免发生干涉。

3）当机器人不能到达运动目标点时，应按照提示将目标点寄存器点位重新示教，并将机器人回原点，重新加载主程序，重新调试。

【任务评价】

本任务的重点是使工业机器人操作人员掌握工业机器人手动操作、工业机器人装配应用编程中子程序的调用与编写技能。任务评价内容分为职业素养和技能操作两部分，具体要求见表 5-6。

工业机器人电动机装配动作流程

表 5-6 工业机器人电动机装配示教编程任务考核评价表

序号	评价内容	是/否完成	得分
职业素养(30分)			
1	正确穿戴工作服和安全帽(5分)		
2	爱护设备(5分)		
3	规范使用示教器(15分)		
4	器材摆放符合8S要求(5分)		
技能操作(70分)			
1	正确进行坐标系调用指令的应用(5分)		
2	正确进行电动机装配点位规划(10分)		
3	正确进行电动机装配路径规划(10分)		
4	正确进行电动机装配工艺流程规划(10分)		
5	正确建立电动机装配程序(10分)		
6	正确设置运动指令速度参数(10分)		
7	手动单步调试程序(5分)		
8	自动连续运行完整过程(10分)		
综合评价			

任务三 工业机器人电动机装配程序运行、调试及优化

【任务描述】

机器人电动机装配操作过程涉及多个知识点，包括工具坐标系测量和调用、子程序编写、调用及各种指令的应用等。为了简化操作过程，使程序准确无误、简明易懂，便于维护且具有良好的经济效益，需要对电动机装配程序进行优化。

【知识准备】

一、减少示教点位

为避免设备间发生干涉，在程序当中可适当添加多个过渡点，每个过渡点的位置信息都需要操作人员通过示教获得。为了提高示教操作效率，有些过渡点可以通过对目标点进行计算获得。

如本项目任务二的参考程序 LR[1][2] = LR[1][2]+50，其中，LR [1] 代表目标点位置，LR [1] [2] 代表目标点 Z 方向数据。通过四则运算在 Z 轴正方向+50mm，可以很方便地计算出目标点上方点位置。具体运算数据要根据设备之间实际尺寸位置进行测量，防止发生干涉。

二、优化路径

在符合装配工艺流程的前提下，可以采用以下方法优化机器人路径，从而提高生产率。

1）减少多余的过渡点，避免机器人运行过程中出现多次停顿。

2）到达相同作业位置区域后，若机器人姿态相同，则应尽可能采用同一过渡点。

3）过渡点之间采用关节运动指令，减少机器人运行时间。

4）缩短过渡点到目标点的距离，同时采用直线运动指令，确保轨迹准确到达目标点。

5）从当前位置经过渡点到达目标点的过程中，运动到过渡点指令后选择合适的过渡方式，避免发生停顿。

6）在过渡点运动指令后加 CNT 圆弧过渡参数，可有效避免机器人发生停顿。

三、采用结构化编程

在本项目任务二中的单个电动机装配示教编程中，由于涉及两套工具，所以只是初步将取/放工具作为子程序进行多次调用。这样可以避免为实现相同功能，而出现大面积的冗余程序。

在实际应用中，工业机器人往往不只装配一套电动机，而是进行多套电动机的装配作业。对于多套电动机装配的作业任务来说，其作业工艺相同，只需要将一套电动机的装配程序编制完成，并且封装成相对应的功能块（方法），在做其他电动机装配时对前面的功能块（方法）进行多次调用。利用这种结构化编程思路，可以提高工业机器人编程、调试和维护效率。

【任务实施】

一、优化电动机装配路径

根据本项目任务二中单个电动机装配的任务流程，将相同姿态的多个过渡点合并为一个点，并缩短过渡点到目标点的距离，重新规划电动机装配路径，如图 5-8 所示。

根据图 5-8 所示的电动机路径规划进行程序所用寄存器点位的规划，手动操作机器人对各寄存器进行示教，见表 5-7。

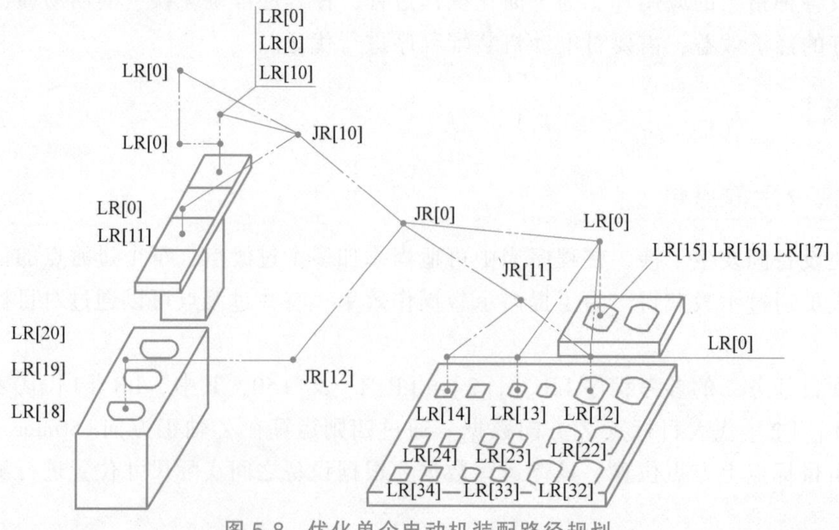

图 5-8 优化单个电动机装配路径规划

表 5-7　优化后寄存器点位规划

序号	标号	名称	点位说明
1	JR[0]	机器人原点	机器人工作准备
2	JR[10]	取/放工具过渡点	过渡点
3	JR[11]	取零件过渡点	
4	JR[12]	仓库过渡点	
5	LR[0]-[6]	位置变量	用于计算偏移位置
6	LR[10]	平口夹具锁紧位	取/放平口夹具位置
7	LR[11]	吸盘工具锁紧位	取/放吸盘工具位置
8	LR[12]	1 号电动机外壳取料位	电动机零件取料位置
9	LR[13]	1 号电动机转子取料位	
10	LR[14]	1 号电动机外壳取料位	
11	LR[22]	2 号电动机外壳取料位	
12	LR[23]	2 号电动机转子取料位	
13	LR[24]	2 号电动机外壳取料位	
14	LR[32]	3 号电动机外壳取料位	
15	LR[33]	3 号电动机转子取料位	
16	LR[34]	3 号电动机外壳取料位	
17	LR[15]	电动机外壳装配位	电动机零件装配位置
18	LR[16]	电动机转子装配位	
19	LR[17]	电动机端盖装配位	
20	LR[18]	1 号电动机入库位置	电动机入库位置
21	LR[19]	2 号电动机入库位置	
22	LR[20]	3 号电动机入库位置	

注意：

1）为防止发生干涉，在示教点位过程中要根据不同的工具切换不同的工具坐标系号。

2）位置变量用于程序计算偏移位置，无须示教。

二、优化电动机装配程序结构

根据本项目任务二的单个电动机装配任务程序流程，采用结构化编程思路，对三套电动机进行装配作业任务，并重新优化电动机装配程序流程，如图 5-9 所示。

三、电动机装配结构化编程

根据三套电动机装配程序流程图，在机器人示教器中分别新建主程序“DJZP01”、初始化子程序“INIT”、取平口夹具子程序“G_T01”、放平口夹具子程序“P_T01”、取吸盘工具子程序“G_T02”、放吸盘工具子程序“P_T02”、电动机装配子程序“MOT_ASS”和电

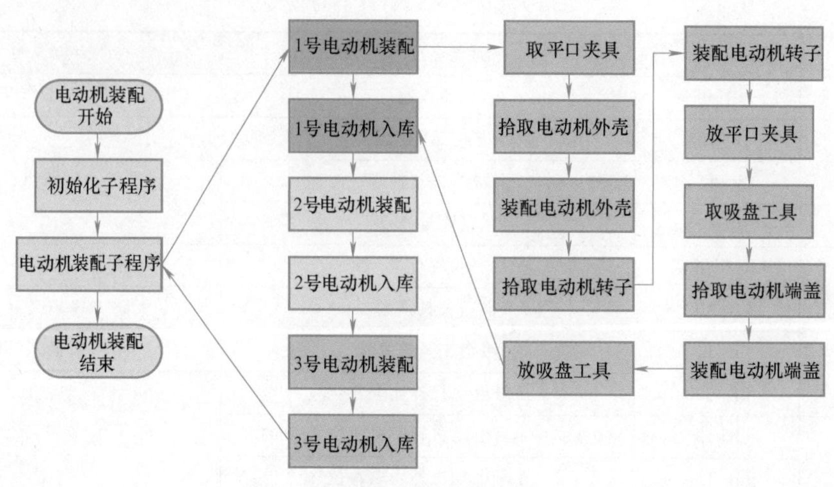

图 5-9 三套电动机装配程序流程

动机入库子程序“MOT_DEP”。

利用结构化编程思路，将装配一套电动机的工艺程序封装为电动机装配子程序“MOT_ASS”。在装配多套电动机时，可以在主程序中多次调用（实例化）这个子程序，并且为不同编号的电动机进行传参（参数实例化），以精简程序，提高编程效率。

四、参考程序

```
<attr>                 '主程序 DJZP01
VERSION:0
GROUP:[0]
<end>
<pos>
<end>
<program>

CALL "INIT"            '调用初始化子程序
                       '1 号电动机装配参数实例化
LR[1] = LR[12]         '1 号电动机外壳取料位置
LR[2] = LR[15]         '电动机外壳安装位置
LR[3] = LR[13]         '1 号电动机转子取料位置
LR[4] = LR[16]         '电动机转子安装位置
LR[5] = LR[14]         '1 号电动机端盖取料位置
LR[6] = LR[17]         '电动机端盖安装位置
CALL "MOT_ASS"         '调用电动机装配子程序
LR[7] = LR[18]         '1 号电动机入库位置
CALL "MOT_DEP"         '调用电动机入库子程序
                       '2 号电动机装配参数实例化
LR[1] = LR[22]
LR[2] = LR[15]
LR[3] = LR[23]
LR[4] = LR[16]
LR[5] = LR[24]
LR[6] = LR[17]
```

```
CALL "MOT_ASS"                  '调用电动机装配子程序
LR[7]=LR[19]
CALL "MOT_DEP"                  '调用电动机入库子程序
                                '3号电动机装配参数实例化
LR[1]=LR[32]
LR[2]=LR[15]
LR[3]=LR[33]
LR[4]=LR[16]
LR[5]=LR[34]
LR[6]=LR[17]
CALL "MOT_ASS"                  '调用电动机装配子程序
LR[7]=LR[20]
CALL "MOT_DEP"                  '调用电动机入库子程序
<end>
<attr>                          '初始化子程序 INIT
VERSION:0
GROUP:[0]
<end>
<pos>
<end>
<program>
UTOOL_NUM=-1                    '调用默认工具坐标系
UFRAME_NUM=-1                   '调用默认工件坐标系
DO[8]=OFF                       '复位快换
DO[9]=OFF                       '复位快换
DO[10]=OFF                      '复位夹具
DO[11]=OFF                      '复位夹具
DO[12]=OFF                      '复位吸盘工具
J JR[0]                         '机器人回原点
<end>
<attr>                          '取平口夹具子程序 G_T01
VERSION:0
GROUP:[0]
<end>
<pos>
<end>
<program>
DO[8]=ON                        '打开快换松
DO[9]=OFF                       '关闭快换紧
DO[10]=OFF                      '关闭夹具松
DO[11]=OFF                      '关闭夹具紧
J JR[0]                         '机器人回原点
J JR[10] CNT=1                  '快速运动至取工具过渡点
LR[0]=LR[10]                    '将LR[10]赋值给LR[0]
LR[0][2]=LR[0][2]+50            '计算取工具上方点
J LR[0] CNT=1                   '快速运动至取工具上方点
L LR[10] VEL=100                '直线运动至锁紧位
DO[8]=OFF                       '关闭夹具松
DO[9]=ON                        '打开夹具紧
WAIT TIME=500                   '延时500ms
UTOOL_NUM=10                    '调用平口夹具坐标系
LR[0][2]=LR[10][2]+15           '计算锁紧位上方点
L LR[0] VEL=100 CNT=1           '直线运动至锁紧位侧方点
LR[0][1]=LR[0][1]-30            '计算取锁紧位侧方点
```

```
L LR[0] VEL=100 CNT=1          '直线运动至锁紧位侧方点
LR[0][2]=LR[0][2]+50           '计算取工具逃离点
L LR[0]CNT=1                   '直线运动至取工具逃离点
J JR[10] CNT=1                 '快速运动至取工具过渡点
J JR[0]                        '机器人回原点
<end>

<attr>                         '放平口夹具子程序 P_T01
VERSION:0
GROUP:[0]
<end>
<pos>
<end>
<program>
DO[10]=OFF                     '关闭夹具松
DO[11]=OFF                     '关闭夹具紧
J JR[0]                        '机器人回原点
J JR[10] CNT=1                 '快速运动至放工具过渡点
LR[0]=LR[10]                   '将 LR[10]赋值给 LR[0]
LR[0][2]=LR[0][2]+65           '计算放工具过渡点
LR[0][1]=LR[0][1]-30           '计算放工具过渡点
J LR[0] CNT=1                  '快速运动至放工具过渡点
LR[0][2]=LR[0][2]-50           '计算放工具过渡点
L LR[0] CNT=1                  '快速运动至放工具过渡点
LR[0][1]=LR[0][1]+30           '计算放工具上方点
L LR[0] CNT=1                  '快速运动至放工具上方点
```

```
L LR[10] VEL=100               '快速运动至放工具锁紧位
DO[8]=ON                       '打开夹具松
DO[9]=OFF                      '关闭夹具紧
WAIT TIME=500                  '延时 500ms
UTOOL_NUM=-1                   '调用默认工具坐标系
L LR[0] CNT=1                  '快速运动至放工具上方点
J JR[10] CNT=1                 '快速运动至放工具过渡点
J JR[0]                        '机器人回原点
<end>

<attr>                         '取吸盘工具子程序 G_T02
VERSION:0
GROUP:[0]
<end>
<pos>
<end>
<program>
J JR[0]                        '机器人回原点
J JR[10] CNT=1                 '快速运动至取工具过渡点
LR[0]=LR[11]                   '将 LR[11]赋值给 LR[0]
LR[0][2]=LR[0][2]+50           '计算取工具上方点
J LR[0] CNT=1                  '快速运动至取工具上方点
L LR[11] VEL=100               '直线运动至锁紧位
DO[8]=OFF                      '关闭快换松
DO[9]=ON                       '打开快换紧
WAIT TIME=500                  '延时 500ms
UTOOL_NUM=11                   '调用吸盘工具坐标系
```

```
L LR[0] CNT=1                  '快速运动至取工具上方点
J JR[10] CNT=1                 '快速运动至取工具过渡点
J JR[0]                        '机器人回原点
<end>

<attr>                         '放吸盘工具子程序 P_T02
VERSION:0
GROUP:[0]
<end>
<pos>
<end>
<program>
J JR[0]                        '原点开始
J JR[10] CNT=1                 '快速运动至放工具过渡点
LR[0]=LR[11]                   '将 LR[11]赋值给 LR[0]
LR[0][2]=LR[0][2]+50           '计算取工具上方点
J LR[0] CNT=1                  '快速运动至取工具上方点
L LR[11] VEL=100               '直线运动至锁紧位
DO[8]=ON                       '打开快换松
DO[9]=OFF                      '关闭快换紧
WAIT TIME=500                  '延时 500ms
UTOOL_NUM=11                   '调用吸盘工具坐标系
L LR[0] CNT=1                  '直线运动至取工具上方点
J JR[10] CNT=1                 '快速运动至取工具过渡点
J JR[0]                        '机器人回原点
<end>

<attr>                         '电动机装配子程序 MOT_ASS
VERSION:0
GROUP:[0]
<end>
<pos>
<end>
<program>
CALL "G_T01.PRG"               '调用取平口夹具
UTOOL_NUM=10                   '调用平口夹具坐标系
J JR[11] CNT=1                 '快速运动至取零件过渡点
LR[0]=LR[1]                    '将 LR[1]赋值给 LR[0]
LR[0][2]=LR[0][2]+50           '计算取零件上方点
J LR[0] CNT=1                  '快速运动至取零件上方点
L LR[1] VEL=100                '直线运动至电动机外壳位
WAIT TIME=500                  '延时 500ms
DO[10]=OFF                     '关闭夹具松
DO[11]=ON                      '打开夹具紧
WAIT TIME=500                  '延时 0.5ms
L LR[0] CNT=1                  '直线运动至取零件上方点
                               '蓝色电动机外壳装配 LR[2]=LR[15]
LR[0]=LR[2]                    '将 LR[2]赋值给 LR[0]
LR[0][2]=LR[0][2]+50           '计算装配上方点
J LR[0] CNT=1                  '快速运动至装配上方点
L LR[2] VEL=100                '直线运动至电动机外壳装配位
WAIT TIME=500                  '延时 500ms
DO[10]=ON                      '打开夹具松
```

```
DO[11]=OFF                      '关闭夹具紧
WAIT TIME=500                   '延时 500ms
L LR[0] CNT=1                   '直线运动至装配上方点
                                '蓝色电动机转子拾取 LR[3]=LR[13]
LR[0]=LR[3]                     '将 LR[3]赋值给 LR[0]
LR[0][2]=LR[0][2]+50            '计算取零件上方点
J LR[0] CNT=1                   '快速运动至取零件上方点
L LR[3] VEL=100                 '直线运动至电动机转子位
WAIT TIME=500                   '延时 500ms
DO[10]=OFF                      '关闭夹具松
DO[11]=ON                       '打开夹具紧
WAIT TIME=500                   '延时 500ms
L LR[0] CNT=1                   '直线运动至取零件上方点
                                '蓝色电动机转子装配 LR[4]=LR[16]
LR[0]=LR[4]                     '将 LR[4]赋值给 LR[0]
LR[0][2]=LR[0][2]+50            '计算装配上方点
J LR[0] CNT=1                   '快速运动至装配上方点
L LR[4] VEL=100                 '直线运动至电动机转子装配位
WAIT TIME=500                   '延时 500ms
DO[10]=ON                       '打开夹具松
DO[11]=OFF                      '关闭夹具紧
WAIT TIME=500                   '延时 500ms
L LR[0] CNT=1                   '直线运动至装配上方点
                                '放平口夹具
CALL "P_T01.PRG"                '调用放平口夹具
                                '取吸盘工具
CALL "G_T02.PRG"                '调用取吸盘夹具
                                '蓝色电动机端盖拾取 LR[5]=LR[14]
LR[0]=LR[5]                     '将 LR[5]赋值给 LR[0]
LR[0][2]=LR[0][2]+50            '计算取零件上方点
J LR[0] CNT=1                   '快速运动至取零件上方点
L LR[5] VEL=100                 '直线运动至电动机端盖位
WAIT TIME=500                   '延时 500ms
DO[12]=ON                       '打开吸盘
WAIT TIME=500                   '延时 500ms
L LR[0] CNT=1                   '直线运动至取零件上方点
                                '蓝色电动机转子装配 LR[6]=LR[17]
LR[0]=LR[6]                     '将 LR[6]赋值给 LR[0]
LR[0][2]=LR[0][2]+50            '计算装配上方点
J LR[0] CNT=1                   '快速运动至装配上方点
L LR[6] VEL=100                 '直线运动至电动机端盖装配位
WAIT TIME=500                   '延时 500ms
DO[12]=OFF                      '关闭吸盘
WAIT TIME=500                   '延时 500ms
L LR[0] CNT=1                   '直线运动至装配上方点
                                '放吸盘工具
CALL "P_T02.PRG"                '调用放吸盘工具
<end>
<attr>                          '电动机入库子程
```

```
                                  序 MOT_DEP
VERSION:0
GROUP:[0]
<end>
<pos>
<end>
<program>
LR[7]=LR[18]
J JR[0]                           '原点开始
CALL "G_T01.PRG"                  '调用取平口夹具
LR[0]=LR[15]                      '将 LR[15]赋值给 LR[0]
LR[0][2]=LR[0][2]+50              '计算装配上方点
J LR[0] CNT=1                     '快速运动至装配上方点
L LR[15] VEL=100                  '直线运动至电动机外壳装配位
WAIT TIME=500                     '延时 500ms
DO[10]=OFF                        '关闭夹具松
DO[11]=ON                         '打开夹具紧
WAIT TIME=500                     '延时 500ms
L LR[0] CNT=1                     '直线运动至装配上方点
J JR[0] CNT=1                     '机器人原点
J JR[12] CNT=1                    '快速运动至入库过渡点
                                  '电动机入库
LR[0]=LR[7]                       '将 LR[7]赋值给 LR[0]
LR[0][2]=LR[0][2]+50              '计算装配上方点
J LR[0] CNT=1                     '快速运动至装配上方点
L LR[7] VEL=100                   '直线运动至电动机外壳装配位
WAIT TIME=500                     '延时 500ms
DO[10]=ON                         '打开夹具松
DO[11]=OFF                        '关闭夹具紧
WAIT TIME=500                     '延时 500ms
L LR[0] CNT=1                     '直线运动至装配上方点
J JR[0] CNT=1                     '机器人原点
<end>
```

五、检查程序

在手动 T1 模式下，加载主程序“DJZP01”，若系统无报警，则证明程序不存在语法问题。切换至单步模式，以 20%的速度倍率执行程序，根据运动规划逐行检查程序的可行性。

在 AUTO 模式下，以 20%的速度倍率执行程序，完成三套电动机的装配。

注意：

1）在手动调试过程中，可以先调用一套电动机装配程序。比如只对 1 号电动机的装配参数进行实例化，只验证一套电动机装配程序。1 号电动机装配流程无误后，再对其他电动机进行实例化。

2）在调用电动机装配子程序（实例化）时，需要为不同编号的电动机进行参数赋值。

【任务评价】

本任务的重点是使工业机器人操作人员掌握工业机器人典型工艺应用编程优化的技能。任务评价内容分为职业素养和技能操作两部分，具体要求见表 5-8。

表 5-8 工业机器人电动机装配程序运行、调试及优化任务考核评价表

序号	评价内容	是/否完成	得分
职业素养(30 分)			
1	正确穿戴工作服和安全帽(5 分)		
2	爱护设备(5 分)		
3	规范使用示教器(15 分)		
4	器材摆放符合 8S 要求(5 分)		
技能操作(70 分)			
1	合理示教点位,优化机器人运动轨迹(10 分)		
2	合理优化电动机装配路径(10 分)		
3	正确建立电动机装配程序(10 分)		
4	程序简洁明了,易调试,维护性好(20 分)		
5	手动单步调试程序(10 分)		
6	自动连续运行完整过程(10 分)		
综合评价			

工业机器人装配示教编程模拟考核

电动机装配工作站用于装配电动机各零部件。电动机成品由电动机外壳、电动机转子和电动机端盖组成。装配电动机时，先将电动机转子装配到电动机外壳中，再将电动机端盖装配到电动机转子上。电动机装配零件及成品如图 5-10 所示。本任务需要完成三个电动机外壳、三个电动机转子和三个电动机端盖的装配和入库过程。系统开始工作之前，需要手动将三个电动机外壳、三个电动机转子和三个电动机端盖放到搬运模块上，如图 5-11 所示。装配完成后，将三个电动机放到立体库 401（黄）、402（白）、403（蓝）位置，如图 5-12 所示。

a) 电动机外壳

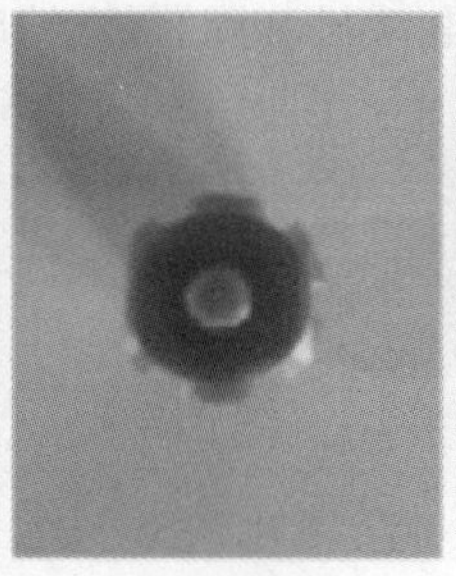

b) 电动机转子

c) 电动机端盖

d) 电动机成品

图 5-10 电动机装配零件及成品

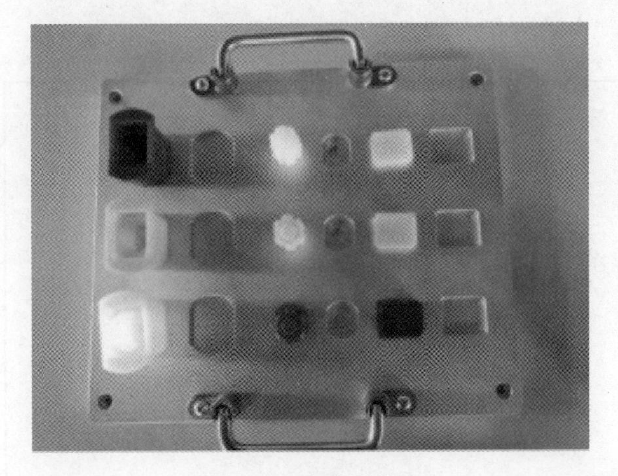

图 5-11 电动机模块

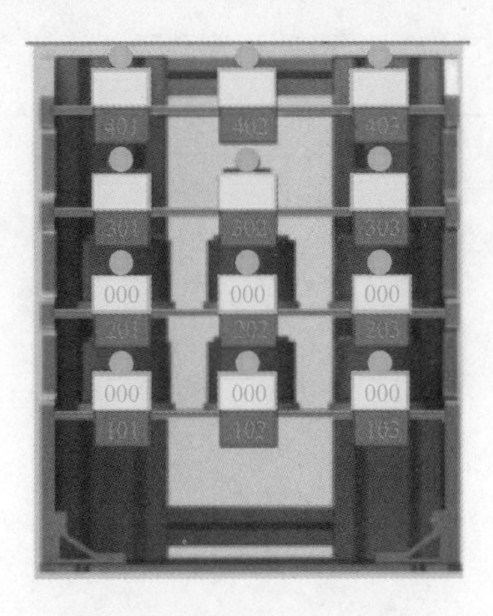

图 5-12 立体库位置示意

一、规划动作点位（表 5-9）

表 5-9 规划动作点位

序号	寄存器标号	名称	动作	序号	寄存器标号	名称	动作
1				6			
2				7			
3				8			
4				9			
5				⋮			

二、程序流程图

三、示教程序清单

考核说明：

1）职业素养与技能操作两部分同步考核，并采用现场实际操作方式。

2）考核时间为90min，满分为100分，任务考核评价表见表5-10。

表5-10　任务考核评价表

序号	评价内容	是/否完成	得分
	职业素养(30分)		
1	正确穿戴工作服和安全帽(5分)		
2	安全规范使用工、量具(10分)		
3	规范使用示教器(10分)		
4	器材摆放符合8S要求(5分)		
	技能操作(70分)		
1	合理示教点位,优化机器人运动轨迹(10分)		
2	合理优化电动机装配路径(10分)		
3	正确建立电动机装配程序(10分)		
4	程序简洁明了,易调试,维护性好(20分)		
5	手动单步调试程序(10分)		
6	自动连续运行完整过程(10分)		
	综合评价		

项目六　工业机器人典型应用编程

【项目描述】

本项目利用编制机器人相应程序，使机器人完成写字、搬运和装配等综合训练任务，以提高读者的机器人坐标系设置、机器人运行路径规划、机器人指令应用、机器人外部轴调用及机器人程序编制等综合能力。本项目的工作任务及职业技能点如图 6-1 所示。

图 6-1　工业机器人复杂装配综合应用编程工作任务及职业技能点

操作时应注意以下几点：

1）仔细阅读任务要求，按照任务要求完成各综合应用任务。

2）检查考核平台，若有模块缺少、设备故障等情况，应及时向现场教师提出。

3）本项目参考完成时间为 150min，操作人员应在参考时间内独立完成所有任务操作。

4）操作人员不得使用任何电子储存设备进行辅助操作。

5）当出现操作失误而导致设备损坏、不能正常工作或造成安全事故时，应及时向现场教师反馈，由其进行后续处理。

任务一　工业机器人书写示教编程

本任务由模块平台的安装布局、工具的选择与安装、机器人书写程序的编制以及机器人书写程序的自动运行四部分内容组成。重点考核工业机器人的参数设置、基本操作和基础示教编程等技能点。

【任务描述】

本任务将控制机器人在书写实训平台上按照指定运行速度自动绘制“中”字。工业机器人书写实训平台的安装效果及尺寸如图 6-2 所示。

a)

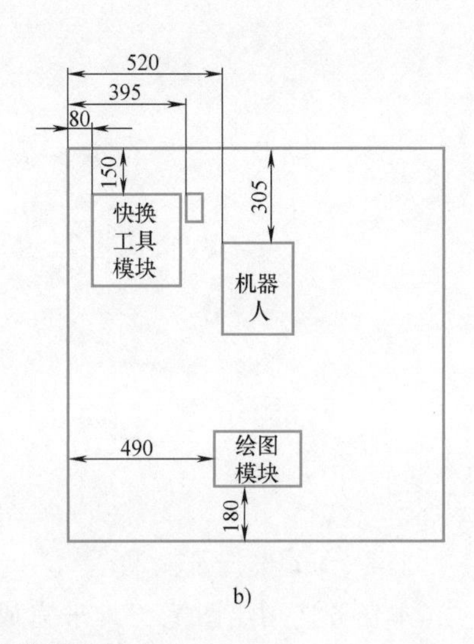

b)

图 6-2　工业机器人书写实训平台的安装效果及尺寸

执行机器人书写任务的具体要求如下：

1）手动将图纸放置到绘图模块上，并用磁铁固定图纸，保证图纸处于绘图模块中心。手动将绘图模块的支承杆调整至第三格。

2）正确选择机器人工具，并将其手动安装到机器人上，标定机器人工具的工具坐标系。根据绘图模块及图纸的位置，完成机器人工件坐标系的设置。手动操作机器人运行，将工具放到快换工具模块的合适位置。标定方法可使用 4 点法或 6 点法。

3）新建程序名称为“XZ-01”。编制程序，使机器人自动安装工具，自动在图纸上绘制“中”字，并在“中”字外绘制外圆。“中”字及外圆的尺寸如图 6-3 所示。程序完成后，机器人能够自动将工具放回快换工具模块上。

4）加载运行程序，先手动调试程序，再以 50% 的自动运行速度运行程序。

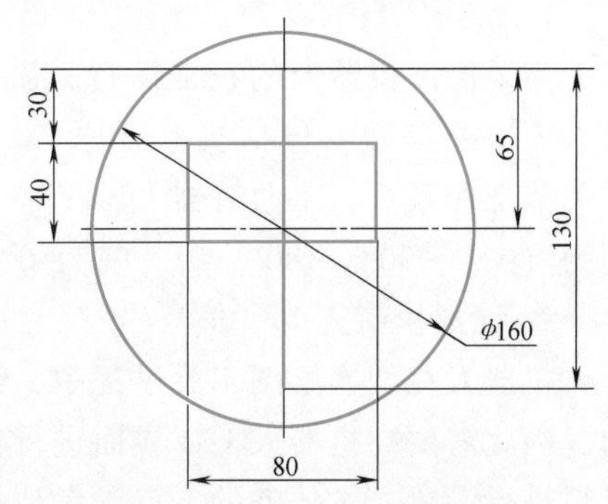

图 6-3　“中”字及外圆尺寸

【任务实施】

一、平台的准备

1. 绘图模块的调整

根据任务要求选择绘图模块、图纸、绘图笔工具和标定工件模块，并将这些模块安装在实训平台上。具体操作步骤如下：

1）手动松紧绘图模块支承杆，并将支承杆调整至第三格，如图 6-4a 所示，完成绘图模块的角度调整。

2）手动将绘图模块上的四块磁铁取下，将图纸平稳地铺在绘图模块的中心位置，并用磁铁将其固定，如图 6-4b 所示。

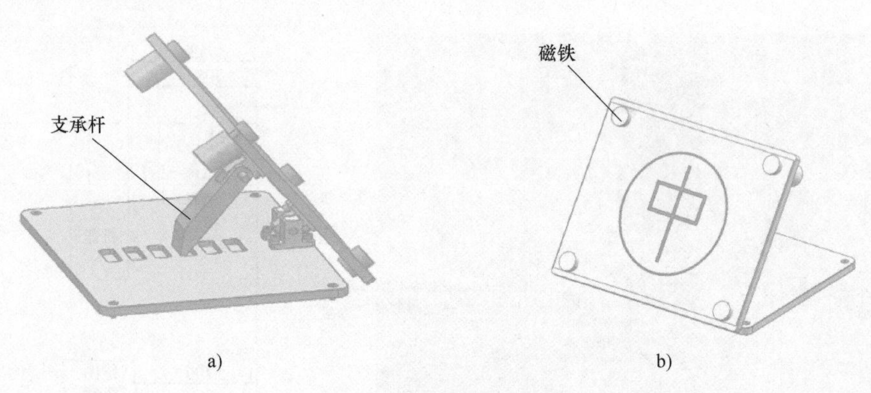

图 6-4　绘图模块的调整

2. 工具的选择及安装

本任务选用绘图笔工具来完成书写操作。在绘图模块上，绘图笔工具能够通过机器人移动进行字形和图形的绘制。在使用绘图笔工具进行绘制时，必须设定好工件坐标系与工具坐标系，以保证其正确地在绘图模块上进行绘制。绘图笔工具外形如图 6-5 所示。

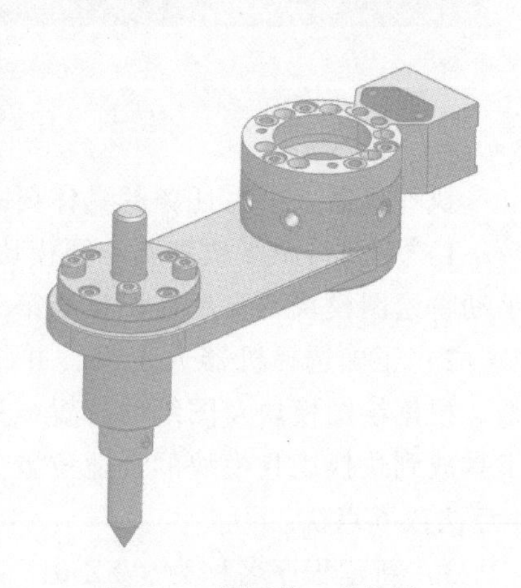

图 6-5　绘图笔工具外形

二、工业机器人的准备

1. 检查机器人参数

为了保证机器人的正常运行，需要在使用前检查机器人的主要参数，包括机器人原点、机器人软限位等。在关节坐标系下，工业机器人轴 1~6 工作原点的位置分别为（0°，−90°，180°，0°，90°，0°）。

2. 设置机器人 I/O 信号

机器人在切换绘图工具过程中，绘图工具的安装及放置等动作都是由 I/O 信号控制输出的，因此需要在机器人 I/O 界面进行参数配置。机器人使用的 I/O 地址可以根据用户的使用习惯进行设置。本任务的 I/O 参考地址见表 6-1。

表 6-1 机器人 I/O 参考地址

I/O 地址	信号类型	信号说明	备注
DO[12]	ON/OFF	吸盘工具产生真空/破坏真空	可使用备用按钮
DO[13]	ON/OFF	夹爪工具产生真空/破坏真空	可使用备用按钮
DO[21]	ON/OFF	控制机器人末端更换工具	

3. 设置机器人坐标系

使用机器人进行绘图前，应利用绘图工具的笔尖采用 4 点法或 6 点法进行坐标系的标定。完成标定后的工具坐标系命名为工具坐标系 1。

本任务可以基于绘图模块平面建立工件坐标系，也可基于图纸建立工件坐标系。建立好的工件坐标系命名为工件坐标系 1，各轴的方向如图 6-6 所示。

三、路径规划

1. 确定绘制流程

机器人利用绘图工具绘制字形时，先在图纸的合适位置确立一个起点，通过对绘制路径进行规划，确定合适的路径后进行程序的编制。

2. 路径规划

根据机器人需要完成的绘制动作，对机器人进行路径规划。本任务中的机器人路径规划如图 6-7 所示。

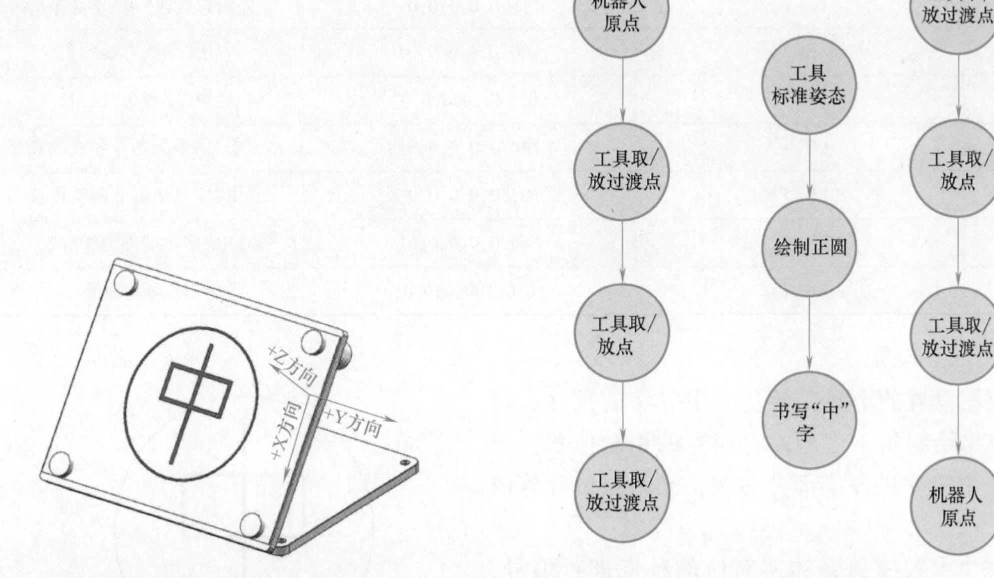

图 6-6 工件坐标系 1 各轴的方向

图 6-7 机器人路径规划

3. 点位示教

根据任务要求及机器人路径规划，完成关键点位的示教，见表 6-2。完成表中关键点位示教后，其余点都可以通过计算得出。

表 6-2 关键点位

序号	示教点位	点位代号	说明
1	绘图笔工具标准姿态	P20	绘图笔姿态调整,方便绘制
2	坐标系切换过渡点	P21	坐标系切换过渡
3	工具取/放点过渡	P22	世界坐标系
4	工具取放点	P23	世界坐标系
5	绘制外圆起点上方	P24	工件/工具坐标系 1
6	绘制外圆起点	P25	工件/工具坐标系 1
7	右半圆中点	P26	工件/工具坐标系 1
8	右半圆终点	P27	工件/工具坐标系 1
9	左半圆中点	P28	工件/工具坐标系 1

4. 设置寄存器

根据“中”字及图纸尺寸，设置绘制文字时的中间变量，并将变量保存至 LR 变量中。

根据尺寸将“中”字分为三个部分：头部、中间部分和尾端部分，分别计算出各部分的线段长，并将其设置成中间变量，部分中间变量见表 6-3。

表 6-3 书写程序部分中间变量

序号	寄存器	数值	说明
1	LR[1]	{15,0,0,0,0,0}	外圆起点到“中”字的距离
2	LR[2]	{30,0,0,0,0,0}	“中”字头部线段长
3	LR[3]	{0,-40,0,0,0,0}	“中”字两边线段长
4	LR[4]	{40,0,0,0,0,0}	“中”字中间部分各线段长
5	LR[5]	{0,80,0,0,0,0}	“中”字下半部分两线段长
6	LR[6]	{60,0,0,0,0,0}	“中”字尾端部分线段长
7	LR[7]	{0,0,100,0,0,0}	Z 方向偏移量

5. 点位计算

根据设置的中间变量及“中”字的尺寸，可以计算出绘制每条边所需对应点的相对位置。下面以“中”字的左半部分为例，介绍点位计算的方法。

对“中”字每条边所对应的各点进行编号，如图 6-8 所示。对各点位进行分析，通过给出的中间变量和已示教的点位计算出“中”字每条边对应的点数值。表 6-4 中列出了“中”字左半部分每条边对应的各点数值。

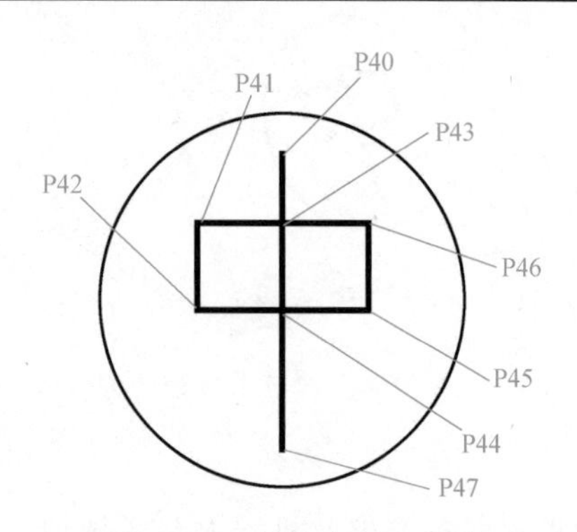

图 6-8 “中”字左半部分每条边对应的各点编号

表 6-4 “中”字左半部分每条边对应的各点数值

序号	点位代号	说明	计算值
1	P39	P40 点位的上方	P35+LR[1]
2	P40	绘制“中”字起点	P36+LR[1]
3	P43	工件/工具坐标系 1	P42-LR[4]
4	P41	工件/工具坐标系 1	P43+LR[3]

四、编制程序

1. 程序结构设计

由任务描述可知，机器人进行了三类动作：机器人取工具、机器人绘制“中”字及外圆以及机器人放工具。因此，机器人取工具、机器人放工具和机器人绘制字形可分别编制一个子程序。机器人书写任务整体运行流程如图 6-9 所示。

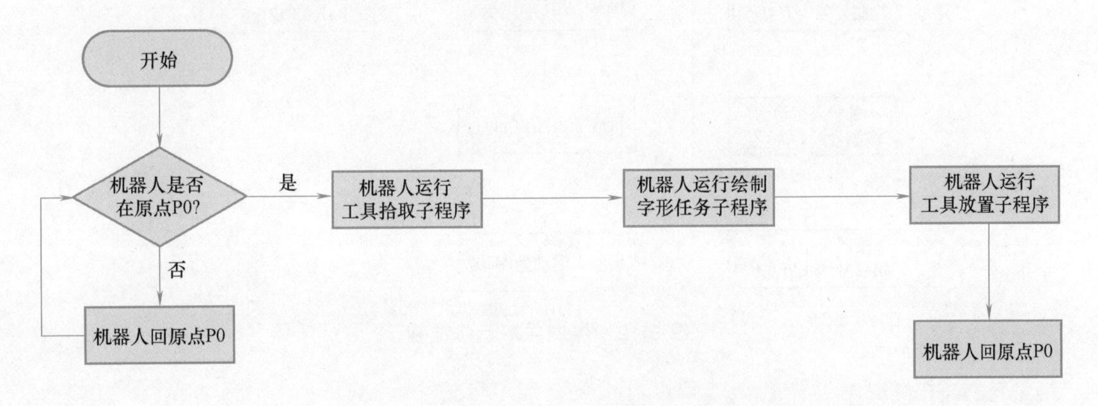

图 6-9　机器人书写任务整体运行流程

2. 书写路径设计

根据程序结构设计，对机器人绘制“中”字和外圆左半部分的子程序和主程序的路径进行设计。机器人工具拾取子程序运行流程如图 6-10 所示。

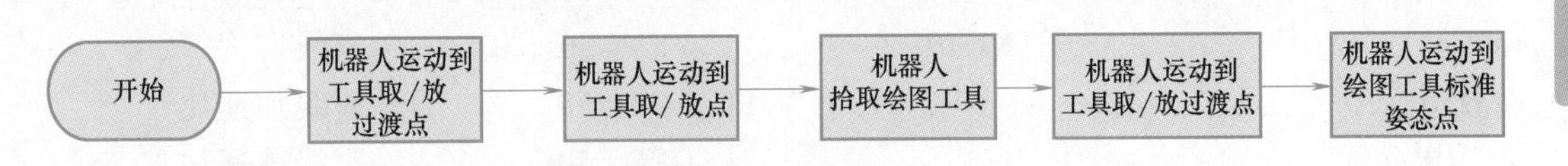

图 6-10　工具拾取子程序运行流程

机器人工具放置子程序运行流程如图 6-11 所示。

机器人绘制字形运行流程如图 6-12 所示。

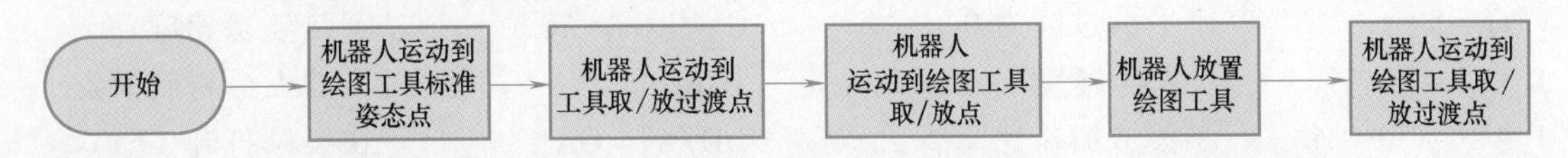

图 6-11　工具放置子程序运行流程

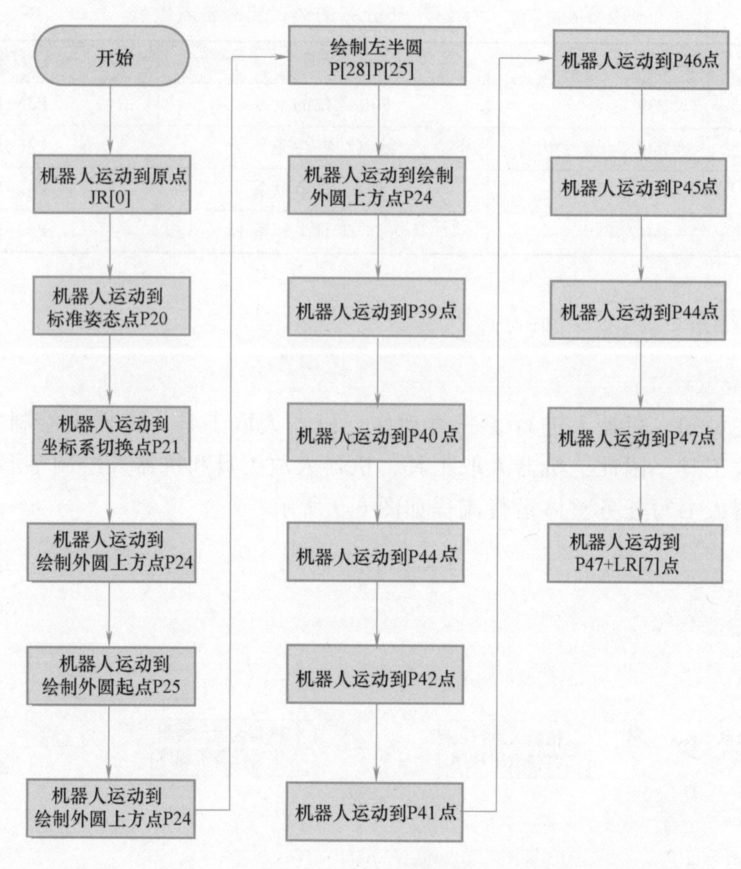

图 6-12 绘制字形运行流程

3. 编写示教程序

1）设置机器人运动参数部分。

2）新建名为“XZ-01”的主程序。

3）为方便多次调用，分别新建名为“JJSQ_1”工具拾取子程序、“JJFZ_2”工具放置子程序和“HZ_1”绘制字形子程序。

参考程序如下：

```
<attr>                    '主程序“XZ-01”
VERSION:0
GROUP:[0]
<end>
<pos>
<end>
<program>
CNT=1                     '平滑过渡为0
J_VEL=50                  '关节速度
J_ACC=50                  '关节加速比
J_DEC=50                  '关节减速比
L_VEL=50                  '直线速度
L_ACC=50                  '直线加速比
L_DEC=50                  '直线减速比
L_VROT=50                 '直线姿态速度
C_VEL=50                  '圆弧速度
C_DEC=50                  '圆弧减速比
C_ACC=50                  '圆弧加速比
C_VROT=50                 '圆弧姿态速度
J JR[0]                   '机器人运行到原点
DO[8]=ON                  '快换松打开
DO[9]=OFF                 '快换紧关闭
```

```
WAIT TIME=500          '延时 500ms
CALL "JJSQ_1.PRG"      '调用程序名为"JJSQ_
                        1"的工具拾取子程序
WAIT TIME=500          '延时 500ms
WAIT TIME=500          '延时 500ms
CALL "HZ_1.PRG"        '调用程序名为"HZ_1"
                        的绘制字形子程序
WAIT TIME=500          '延时 500ms
WAIT TIME=500          '延时 500ms
CALL "JJFZ_2.PRG"      '调用程序名为"JJFZ_
                        2"的工具放置子程序
WAIT TIME=500          '延时 500ms
J JR[0]                '机器人回原点
<end>
                       '工具拾取参考程序段
<attr>                 '工具拾取程序"JJSQ_1"
VERSION:0
GROUP:[0]
<end>
<pos>
<end>
<program>
J P[0]                 '机器人运动到快换工
                        具模块过渡点
L P[22]                '机器人运动到绘图笔
                        工具取/放过渡点
L P[23] VEL=50         '机器人运动到绘图笔
                        工具取/放点
WAIT TIME=500          '延时 500ms
DO[8]=OFF              '快换松关闭
DO[9]=ON               '快换紧打开
WAIT TIME=500          '延时 500ms
L P22]                 '机器人运动到绘图笔
                        工具取/放过渡点
J P[0]                 '机器人运动到快换工
                        具模块过渡点
<end>
                       '工具放置参考程序段
<attr>                 '工具放置程序"JJFZ-2"
VERSION:0
GROUP:[0]
<end>
<pos>
<end>
<program>
J P[0]                 '机器人运动到快换工
                        具模块过渡点
L P[22]                '机器人运动到弧口夹
                        具取/放过渡点
L P[23] VEL=50         '机器人运动到弧口夹
                        具取/放点
WAIT TIME=500          '延时 500ms
DO[8]=ON               '快换松打开
DO[9]=OFF              '快换紧关闭
WAIT TIME=500          '延时 500ms
L P[22]                '机器人运动到弧口夹
                        具取/放过渡点
J P[0]                 '机器人运动到快换工
                        具模块过渡点
<end>
                       '绘制字形参考程序段
<attr>                 '绘制字形程序"HZ_1"
VERSION:0
GROUP:[0]
<end>
<pos>
<end>
<program>
J P[21]                '运行到坐标系转换过
                        渡点
J P[20]                '运行到姿态调整点
UFRAME_NUM=1           '调用工件坐标系 1
UTOOL_NUM=1            '调用工具坐标系 1
WAIT TIME=500          '延时 500ms
J P[35]                '绘图起点过渡点
L P[36]                '绘图起点
C P[37] P[38]          '绘制半圆
C P[34] P[36]          '绘制半圆
```

```
J P[35]            '绘图起点过渡点
L P[39]            '绘制"中"字起点上方
L P[40]            '绘制"中"字起点
L P[43]            '绘制"中"字边
L P[41]            '绘制"中"字边
L P[42]            '绘制"中"字边
L P[44]            '绘制"中"字边
L P[45]            '绘制"中"字边
L P[46]            '绘制"中"字边
L P[43]            '绘制"中"字边
L P[47]            '绘制完成
LR[15]=P[47]+LR[8]
L LR[15]           '抬起绘图笔工具至安全位置
UFRAME_NUM=-1      '取消工件坐标系的调用
UTOOL_NUM=-1       '取消工具坐标系的调用
L JR[0]            '机器人回原点
<end>
```

五、运行程序

在手动 T1 模式下，加载主程序“XZ-011”，若信息窗口无报警，则证明程序不存在语法问题。切换至单步模式，以 20%的速度倍率执行程序，根据路径规划逐行检验程序的可行性。

在 AUTO 模式下，以 50%的速度倍率执行程序，完成“中”字及外圆的绘制。

【任务评价】

本任务的重点是培养工业机器人操作人员的安全文明生产职业素养，使其掌握机器人书写示教编程的技能。任务评价内容分为职业素养和技能操作两部分，具体要求见表 6-5。

表 6-5 工业机器人书写综合应用编程任务考核评价表

序号	评价内容	是/否完成	考核
	职业素养(30 分)		
1	正确穿戴工作服和安全帽(5 分)		
2	安全规范使用工、量具(5 分)		
3	规范使用示教器(15 分)		
4	器材摆放符合 8S 要求(5 分)		
	技能操作(70 分)		
1	正确安装调整绘图模块和快换工具模块(3 分)		
2	检查机器人零点，并完成校准(3 分)		
3	合理配置机器人 I/O 信号快捷按钮(2 分)		
4	正确标定机器人工具坐标系(4 分)		
5	合理选择工件坐标系并完成标定(4 分)		
6	合理规划书写路径，并完成路径规划图的绘制(7 分)		
7	合理设置必要寄存器数值(5 分)		
8	机器人以合理姿态示教关键点位(5 分)		
9	正确绘制“中”字第一笔(按照规划动作)(4 分)		
10	正确绘制“中”字第二笔(按照规划动作)(4 分)		

（续）

序号	评价内容	是/否完成	考核
技能操作(70分)			
11	正确绘制“中”字第三笔(按照规划动作)(4分)		
12	正确绘制“中”字第四笔(按照规划动作)(4分)		
13	正确绘制“中”字第五笔(按照规划动作)(4分)		
14	正确绘制外圆(按照规划动作)(6分)		
15	机器人回原点(3分)		
16	以50%的速度自动运行程序,完成字形的连续绘制(8分)		
综合评价			

任务二　工业机器人筒体物料搬运示教编程

本任务由综合实训平台的安装布局、夹具的选择与安装、机器人综合搬运程序的编制及搬运程序的自动运行四部分内容组成。重点考核工业机器人的手动操作、简单外围设备的控制和典型应用的示教编程等技能点。

【任务描述】

本任务将在搬运码垛综合实训平台上进行。实训平台安装效果及尺寸如图6-13所示。本任务的要求是：将放置在立体仓库模块指定位置的筒体物料搬运至旋转供料模块的指定位置上，完成物料搬运后，机器人自动放置工具，并回到原点位置。

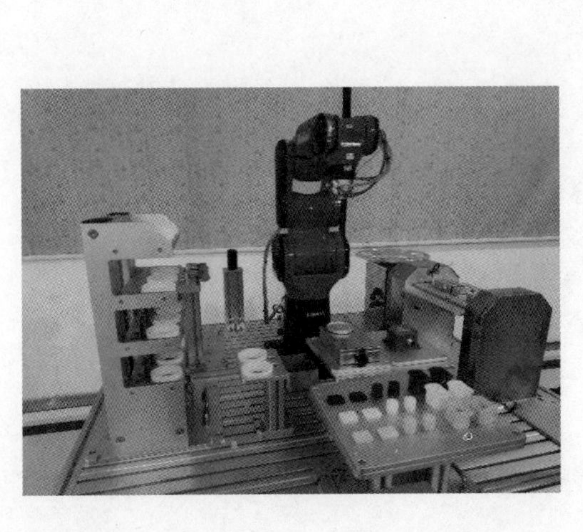

a)

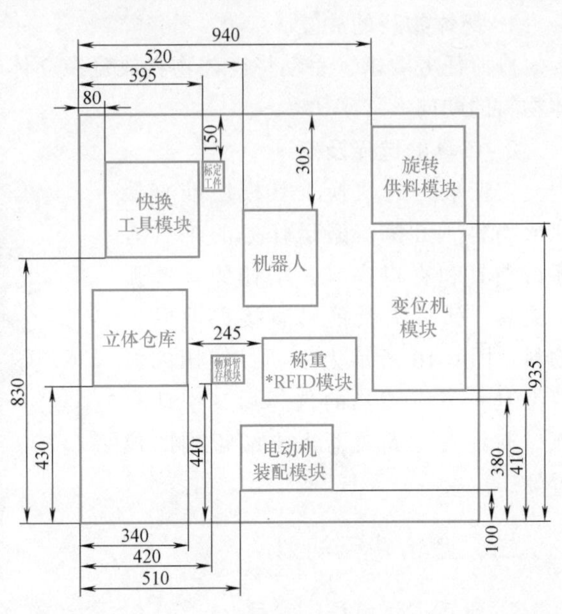

b)

图6-13　工业机器人筒体物料搬运考核任务布局及尺寸

执行机器人筒体物料搬运任务的具体要求如下：

1）手动将两个筒体物料放置在立体仓库模块上，保证筒体物料正确放置在料仓凹槽内，并保证角度的一致性，如图 6-14 所示。

2）正确选择机器人工具，并手动安装到机器人上。手动操作机器人运行，将工具放置在快换工具模块的合适位置。

3）新建程序名称为“DJKT”。编制程序，使机器人自动安装工具、自动从立体仓库模块中取出黄色与蓝色筒体物料，并将其正确地放置在旋转台的指定位置，如图 6-15 所示。

4）加载运行程序，先手动调试程序，完成后以 50%的速度自动运行搬运程序。

a)

b)

c)

图 6-14 物料筒体放置在立体仓库模块位置及朝向

图 6-15 物料筒体放置位置参考

【任务实施】

一、平台的准备

1. 筒体物料的放置

按照任务要求，手动将筒体物料放置在立体仓库料仓模块的凹槽内，放置时需要注意筒体物料的朝向。

2. 工具的选择及安装

实训平台的快换工具模块能直接抓取物料。可执行搬运任务的工具有弧口夹具和直口夹具，本任务优选弧口夹具。弧口夹具能够直接夹取筒体物料。图 6-16 所示为本项目使用的弧口夹具。完成工具的选择后，手动将弧口夹具安装到机器人末端正确的位置处。

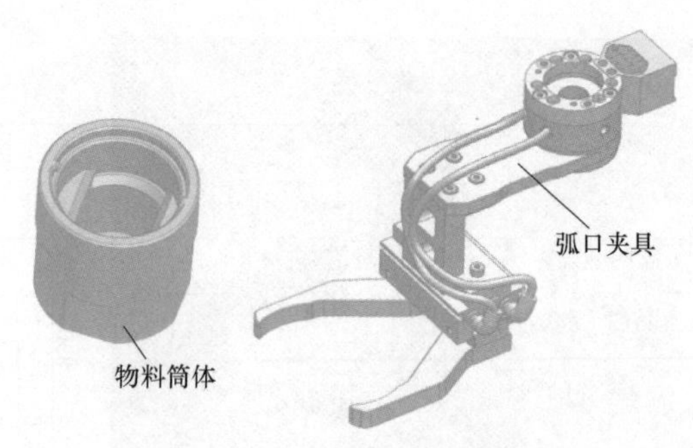

图 6-16 弧口夹具搬运形式

二、搬运路径规划

1. 确定搬运流程

对筒体物料进行搬运的流程为：机器人回原点→机器人更换弧口夹具→机器人抓取筒体物料→筒体物料改变朝向→旋转供料模块旋转→机器人放置筒体物料→机器人放置弧口夹

具→机器人回原点。

2. 路径规划

根据机器人需要完成的搬运动作，对机器人进行路径规划，如图 6-17 所示。

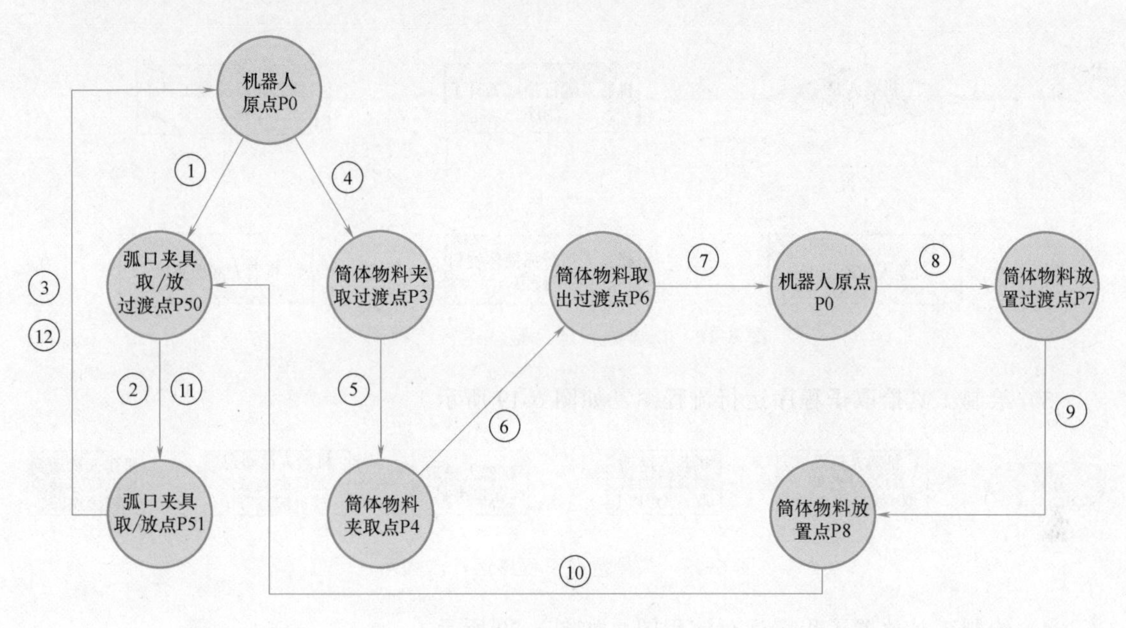

图 6-17　机器人路径规划

3. 点位示教

根据筒体物料搬运的要求及机器人路径规划，本任务采取全程示教模式完成编程。关键示教点位见表 6-6。

表 6-6　关键示教点位

序号	示教点位	点位代号	说明
1	过渡点	P1	无
2	吸盘姿态转换过渡点	P2	夹爪状态调整，方便夹取
3	筒体物料夹取过渡点	P3	机器人世界坐标系
4	筒体物料夹取点	P4	机器人世界坐标系
5	筒体物料放置过渡点	P7	机器人世界坐标系
6	筒体物料放置点	P8	机器人世界坐标系
7	弧口夹具取/放过渡点	P50	机器人世界坐标系
8	弧口夹具取/放点	P51	机器人世界坐标系

三、编制程序

1）程序结构分析。由任务描述可知，机器人进行了三类动作：机器人取工具、机器人搬运筒体物料及机器人放工具。因此将程序结构设计为：机器人取工具、机器人放工具、机器人搬运筒体物料，且分别编制子程序。

2）绘制整体运行流程图，如图 6-18 所示。

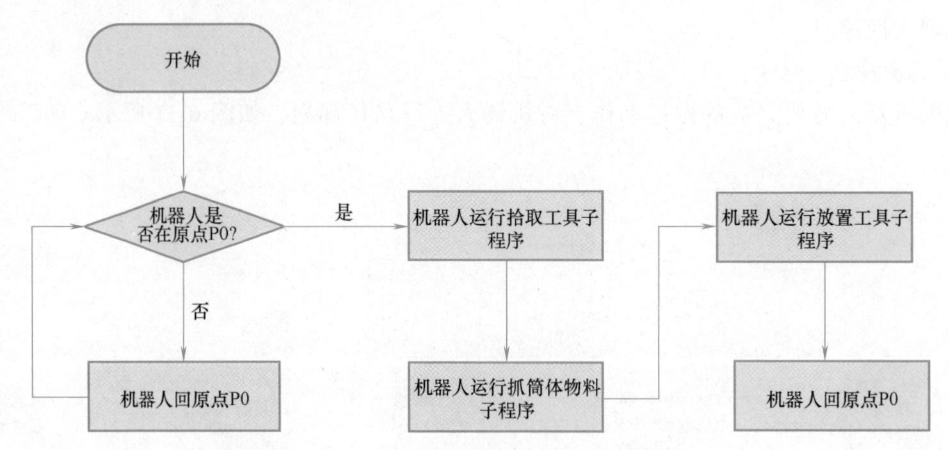

图 6-18 筒体物料搬运整体运行流程图

3）绘制工具拾取子程序运行流程图，如图 6-19 所示。

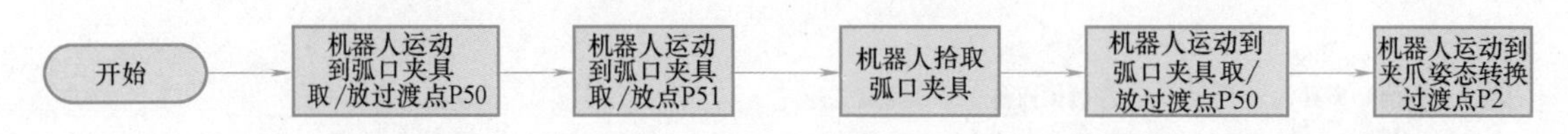

图 6-19 工具拾取子程序运行流程图

4）绘制工具放置子程序运行流程图，如图 6-20 所示。

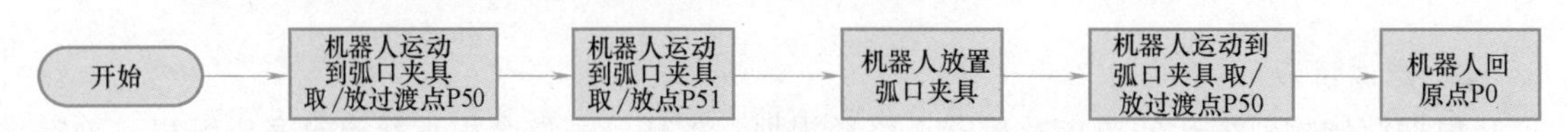

图 6-20 工具放置子程序运行流程图

5）绘制筒体物料搬运通用流程图，如图 6-21 所示。

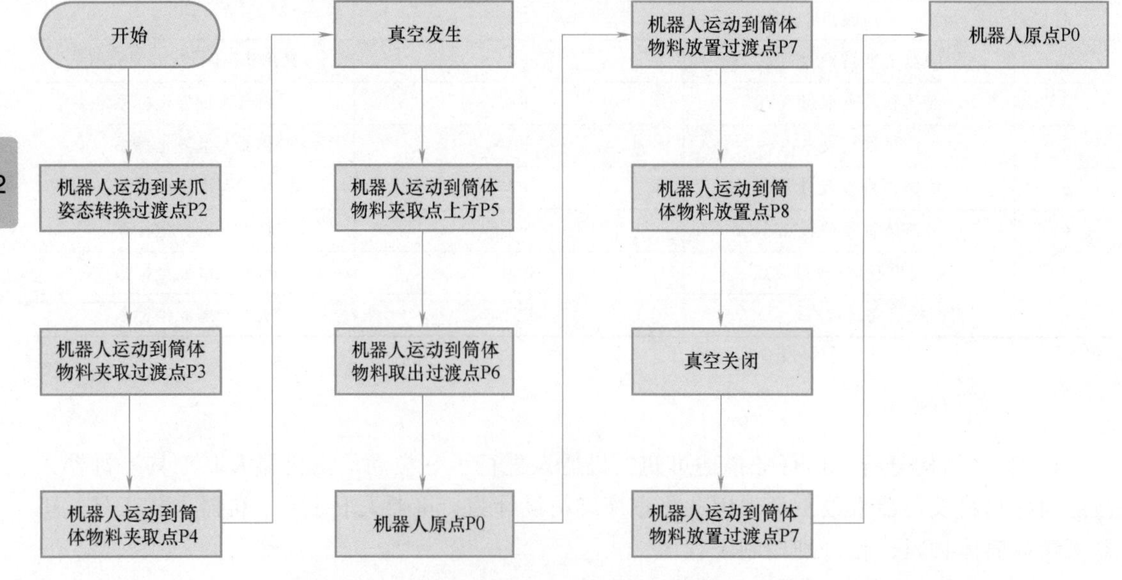

图 6-21 筒体物料搬运通用流程图

6）示教编程。

① 新建名为“DJKT-01”的机器人筒体物料搬运程序。

② 为方便多次调用，分别新建名为“JJSQ_1”工具拾取子程序、“JJFZ_2”工具放置子程序和“DJKTBY_1”筒体物料搬运子程序。

参考程序如下：

```
<attr>                    '机器人筒体搬运程序 DJKT_01
VERSION:0
GROUP:[0]
<end>
<pos>
<end>
<program>
J JR[0]                   '机器人运行到原点
DO[8]=ON                  '快换松打开
DO[9]=OFF                 '快换紧关闭
DO[10]=OFF                '夹具松关闭
DO[11]=OFF                '夹具紧关闭
WAIT TIME=500             '延时 500ms
CALL "JJSQ.PRG"           '调用程序名为“JJSQ_1”的工具拾取子程序
WAIT TIME=500             '延时 500ms
CALL "DJKTBY1.PRG"        '调用程序名为“DJKTBY_1”的子程序
WAIT TIME=500             '延时 500ms
CALL "JJFZ.PRG"           '调用程序名为“JJFZ_2”的工具放置子程序
WAIT TIME=500             '延时 500ms
J JR[0]                   '机器人运行到原点
<end>
<attr>                    '机器人工具拾取子程序 JJSQ_1
VERSION:0
GROUP:[0]
<end>
<pos>
<end>
<program>
J P[0]                    '机器人运动到快换工具模块过渡点
L P[50]                   '机器人运动到弧口夹具取/放过渡点
L P[51] VEL=50            '机器人运动到弧口夹具取/放点
WAIT TIME=500             '延时 500ms
DO[8]=OFF                 '快换松关闭
DO[9]=ON                  '快换紧打开
WAIT TIME=500             '延时 500ms
L P[52]                   '工具上方点 1
L P[53]                   '工具左侧一点
L P[54]                   '工具上方点 2
J P[0]                    '机器人运动到快换工具模块过渡点
<end>
<attr>                    '机器人工具放置子程序 JJFZ_2
VERSION:0
GROUP:0
<end>
<pos>
<end>
<program>
L P[0]                    '机器人运动到快换工具模块过渡点
L P[54]                   '工具上方点 2
```

```
L P[53]              '工具左侧一点
L P[52]              '工具上方点 1
L P[51] VEL=50       '机器人运动到弧口夹
                      具取/放点
WAIT TIME=500        '延时 500ms
DO[8]=ON             '快换松打开
DO[9]=OFF            '快换紧关闭
WAIT TIME=500        '延时 500ms
L P[50]              '机器人运动到弧口夹
                      具取/放过渡点
J P[0]               '机器人运动到快换工
                      具模块过渡点
<end>
<attr>               '机器人筒体物料搬运
                      子程序 DJK TBY_1
VERSION:0
GROUP:[0]
<end>
<pos>
<end>
<program>
L P[2]               '机器人运行到夹爪姿
                      态转换过渡点
L P[3]               '机器人运行到筒体物
                      料夹取过渡点
L P[4]               '机器人运行到筒体物
                      料夹取点
DO[10]=OFF           '夹具松关闭
DO[11]=ON            '夹具紧打开
WAIT TIME=500        '延时 500ms
L P[5]               '机器人运行到筒体物
                      料夹取上方点
L P[6]               '机器人运行到筒体物
                      料取出过渡点
J JR[0]
J P[7]               '机器人运行到筒体物
                      料放置过渡点
L P[8]               '机器人运行到筒体物
                      料放置点
DO[10]=ON            '夹具松开启
DO[11]=OFF           '夹具紧关闭
WAIT TIME=500        '延时 500ms
L P[7]               '机器人运行到筒体物
                      料放置过渡点
J JR[0]
J P[2]               '机器人运行到吸盘姿
                      态转换过渡点
<end>
```

四、运行程序

在手动 T1 模式下，加载主程序“DJKT-01”，若信息窗口无报警，则证明程序不存在语法问题。切换至单步模式，以 20%的速度倍率执行程序，根据路径规划逐行检验程序的可行性。

在 AUTO 模式下，以 50%的速度倍率执行程序，完成两个筒体物料的搬运。

【任务评价】

本任务的重点是培养工业机器人操作人员的安全文明生产职业素养，使其掌握机器人搬运多个筒体物料示教编程的技能。任务评价内容分为职业素养和技能操作两部分，具体要求见表 6-7。

表 6-7　机器人筒体物料搬运示教编程任务考核评价表

序号	评价内容	是/否完成	考核
职业素养(30 分)			
1	正确穿戴工作服和安全帽(5 分)		
2	安全规范使用工、量具(5 分)		
3	规范使用示教器(15 分)		
4	器材摆放符合 8S 要求(5 分)		
技能操作(70 分)			
1	正确安装、调整实训平台和快换工具模块(3 分)		
2	合理规划搬运路径,并完成路径规划图的绘制(7 分)		
3	机器人以合理的姿态进行点位示教(5 分)		
4	机器人正确完成工具拾取(5 分)		
5	机器人夹取物料 1 的位置正确,姿态合理(5 分)		
6	物料 1 在搬运过程中无碰撞、跌落等情况(5 分)		
7	物料 1 放置位置正确,姿态合理(5 分)		
8	机器人夹取物料 2 的位置正确,姿态合理(5 分)		
9	物料 2 在搬运过程中无碰撞、跌落等情况(5 分)		
10	物料 2 放置位置正确,姿态合理(5 分)		
11	机器人正确完成工具放置(5 分)		
12	机器人回原点(5 分)		
13	以 50%的速度自动运行程序,完成物料的连续搬运(10 分)		
综合评价			

任务三　工业机器人电动机转子装配示教编程

本任务由装配实训平台的安装、复合工具的选择与安装、装配程序的编制及程序的自动运行四部分组成。重点考核工业机器人的参数设置、基本操作、外围设备控制及装配应用的示教编程等技能点。

【任务描述】

本任务实训平台的安装效果及尺寸如图 6-22 所示。本任务的要求是：从电动机装配模块中取出指定的电动机筒体及电动机转子，搬运至变位机模块，由电动机装配模块上的气缸将指定的电动机筒体固定好，再将电动机转子装入电动机筒体中；然后，机器人自动放置工具，并回到原点位置。

执行机器人电动机转子装配任务的具体要求如下：

1）手动在电动机装配模块上分别放置两种零件：电动机筒体和电动机转子。零件排列方式如图 6-23 所示。

2）正确选择机器人工具，并手动安装到机器人上。在标定模块上标定机器人工具的工具坐标系。标定完成后，手动操作机器人运行，将工具放在快换工具模块的合适位置。

3）新建程序名称为“ZP-01”。编制程序，使机器人自动安装工具；自动从电动机装配模块取料并在变位机模块上，完成电动机筒体与电动机转子的装配；装配完成后，机器人能

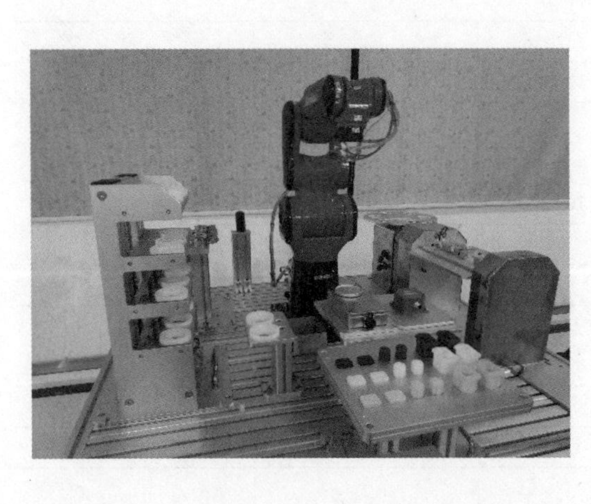

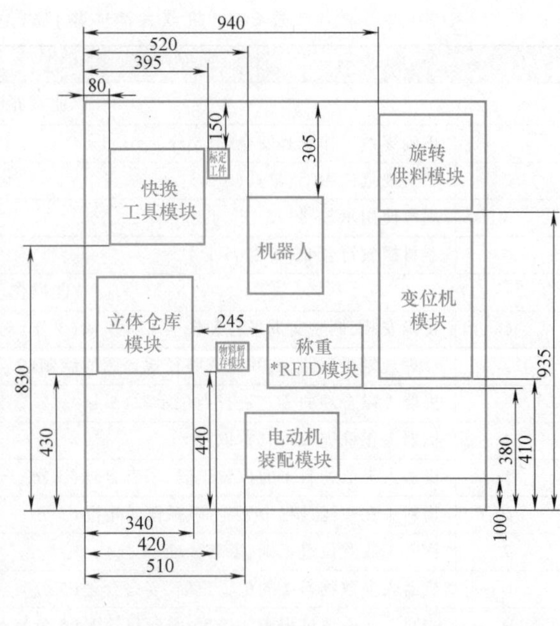

a) b)

图 6-22 工业机器人电机装配布局及尺寸

够自动将工具放在快换工具模块的合适位置。

4）加载运行程序，先手动调试程序，完成后以 60%的速度自动运行装配程序。

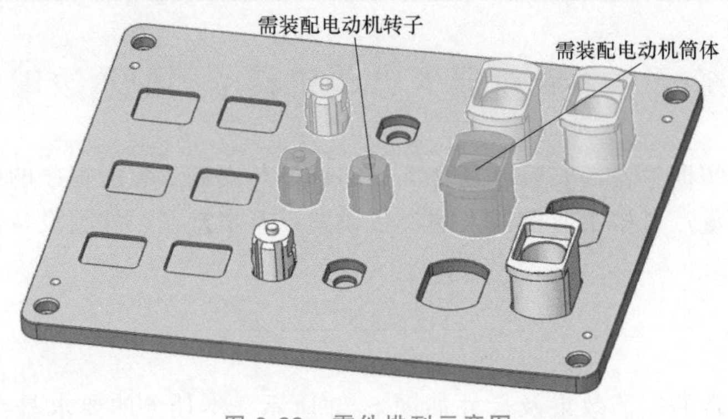

图 6-23 零件排列示意图

【任务实施】

一、平台的准备

1. 物料的放置

按照任务要求，手动将电动机筒体和电动机转子放置在变位机模块内，各物料角度保持一致；进行装配，选择需要使用的物料，将零件放在实训平台中的电动机装配模块上，如图 6-24 所示。

2. 工具的选择及安装

本实训平台中的快换工具模块可直接用于抓取物料。可完成本装配任务的夹具有弧口夹

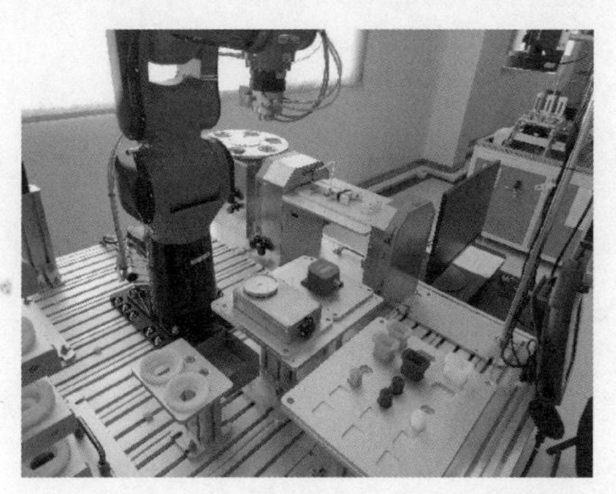
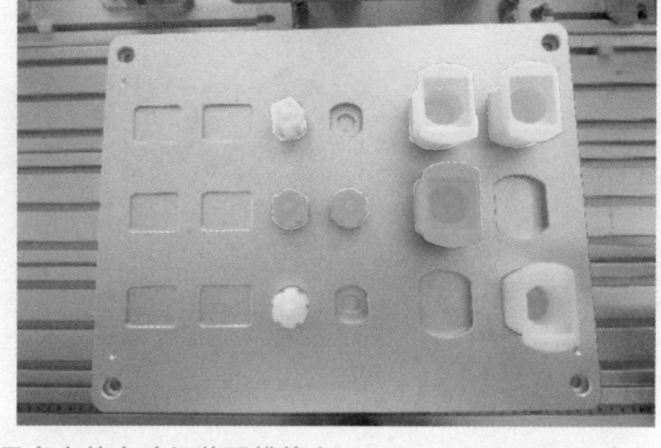

图 6-24　将零件放在实训平台中的电动机装配模块上

具和直口夹具，这里选择直口夹具。电动机转子及使用的夹具如图 6-25 所示。

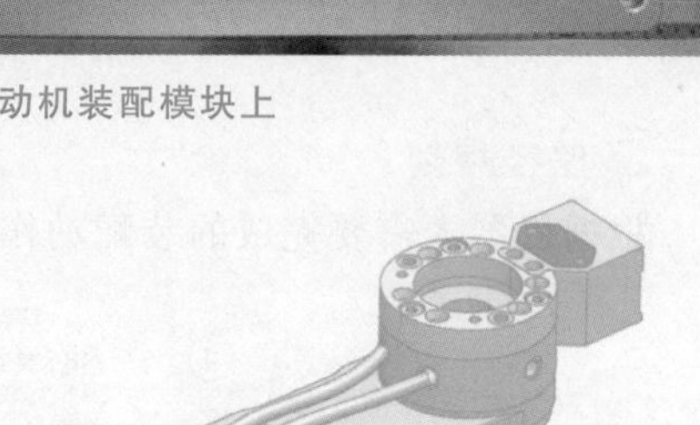
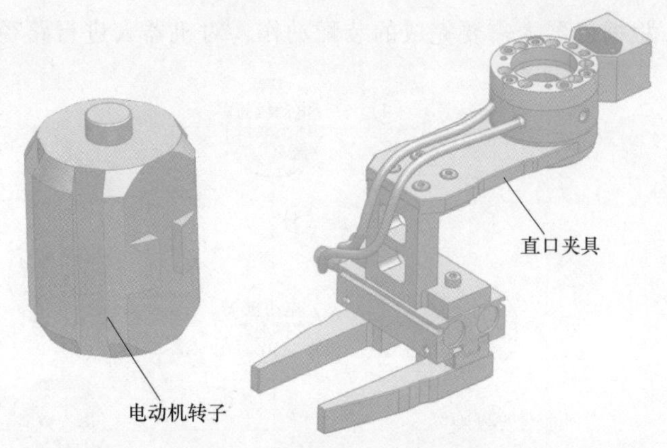

图 6-25　电动机转子及使用的夹具

由于电动机转子的外形是一个类圆柱体，并且有平行的两个装夹平面，所以在抓取电动机转子时采用直口夹具。

3. 设置机器人 I/O 信号

机器人在装配过程中，为了满足夹具夹紧及变位机模块的夹紧/松开等动作通过 I/O 信号进行控制的要求，需要在机器人 I/O 界面进行配置。机器人使用的 I/O 参考地址见表 6-8。

表 6-8　机器人 I/O 参考地址

I/O 地址	信号类型	信号说明	备注
DO[12]	ON/OFF	吸盘工具产生真空/破坏真空	可使用备用按钮
DO[13]	ON/OFF	夹爪产生真空/破坏真空	可使用备用按钮
DO[21]	ON/OFF	控制机器人更换工具	
DO[15]	ON/OFF	电动机装配模块的夹紧/松开	

二、装配任务规划

1. 确定装配流程

根据立体仓库模块的物料信息，列出电动机筒体与电动机转子的装配流程，可参考电动机筒体与电动机转子搬运装配流程。装配位置如图 6-26 所示。

电动机筒体与电动机转子装配流程为：机器人更换直口夹具→机器人抓取电动机筒体→电动机筒体改变朝向→机器人放置电动机筒体→机器人离开装配位置→电动机装配模块夹紧→机器人抓取电动机转子→电动机转子改变朝向→机器人放置电动机转子→机器人离开装配位置→机器人放置直口夹具→机器人回原点。

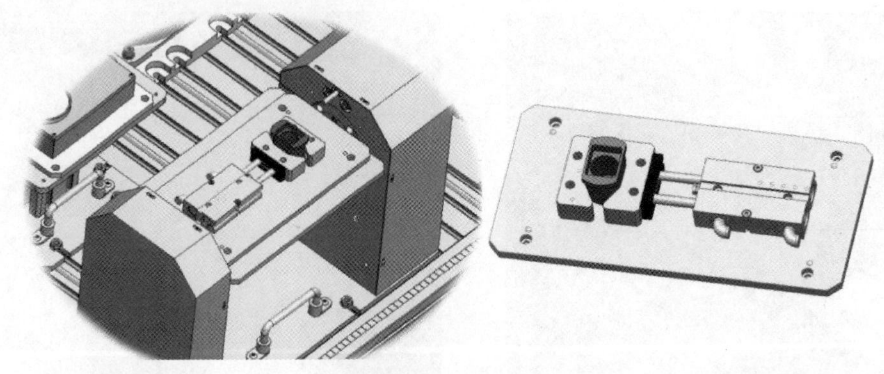

图 6-26 装配位置

2. 路径规划

根据机器人需要完成的装配动作，对机器人进行路径规划，如图 6-27 所示。

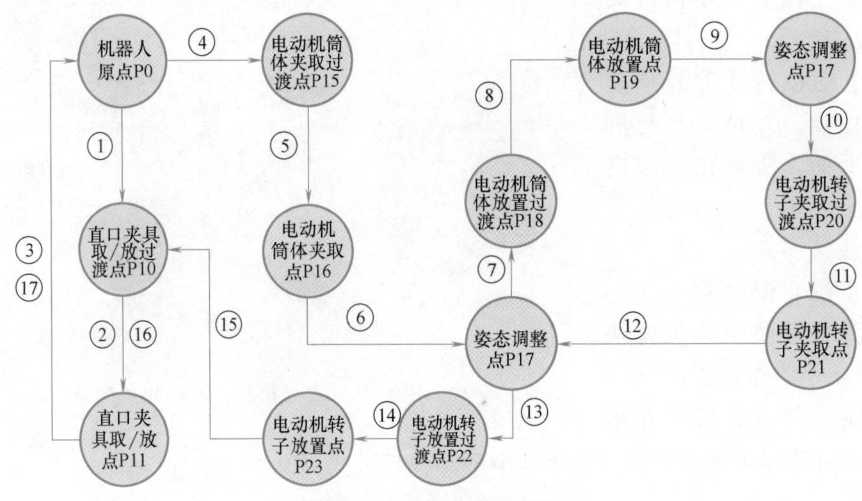

图 6-27 机器人路径规划

3. 点位示教

根据任务要求及路径规划，部分机器人运动的参考示教点位见表 6-9。

表 6-9 机器人参考示教点位

序号	示教点位	点位代号	说明
1	直口夹具取/放过渡点	P10	机器人世界坐标系
2	直口夹具取/放点	P11	机器人世界坐标系
3	直口夹具上方点 1	P12	直口夹具姿态调整,方便夹取
4	直口夹具侧方一点	P13	机器人世界坐标系
5	直口夹具上方点 2	P14	机器人世界坐标系
6	电动机筒体夹取过渡点	P15	机器人世界坐标系
7	电动机筒体夹取点	P16	机器人世界坐标系
8	姿态调整点	P17	
9	电动机筒体放置过渡点	P18	机器人世界坐标系
10	电动机筒体放置点	P19	

（续）

序号	示教点位	点位代号	说明
11	电动机转子夹取过渡点	P20	
12	电动机转子夹取点	P21	机器人世界坐标系
13	电动机转子放置过渡点	P22	机器人世界坐标系
14	电动机转子放置点	P23	机器人世界坐标系

三、编制程序

1. 程序结构分析

机器人在电动机装配任务中有三类动作：机器人取工具、机器人装配及机器人放工具。因为只需装配一套电动机筒体与电动机转子，所以只需要写一个主程序即可。

2. 绘制整体运行流程图

根据机器人装配的程序结构分析，设计机器人装配整体运行流程图，如图 6-28 所示。

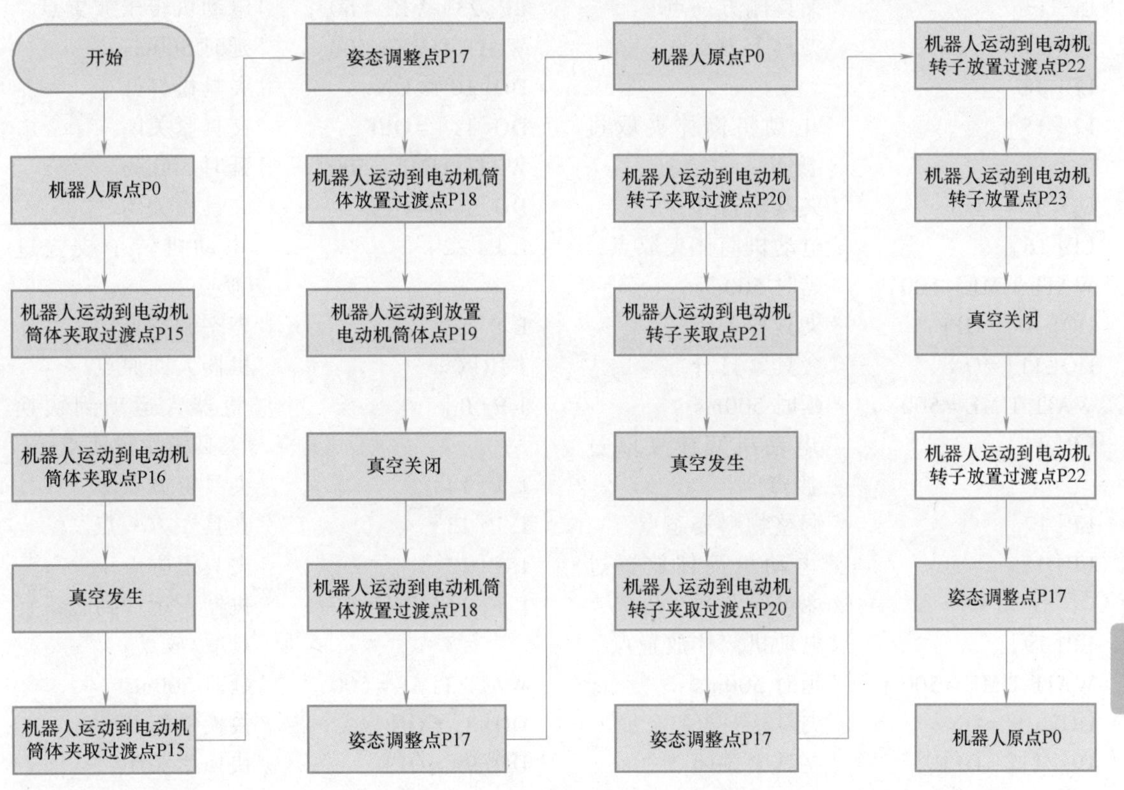

图 6-28　机器人装配整体运行流程图

根据任务要求，将机器人装配主程序命名为“ZP-01”。参考程序如下：

```
<attr>                 '主程序"ZP-01"
VERSION:0
GROUP:[0]
<end>
<pos>
```

```
<end>
<program>
JJR[0]                 '机器人回原点
DO[8]=ON               '快换松开
DO[9]=OFF              '快换紧关闭
```

```
DO[10]=OFF          '夹具松关闭
DO[10]=OFF          '夹具松关闭
JP[0]               '机器人运动到快换工具模块过渡点
LP[10]              '机器人运动到直口夹具取/放过渡点
LP[11] VEL=50       '机器人运动到直口夹具取/放点
WAIT TIME=500       '延时500ms
DO[8]=OFF           '快换松关闭
DO[9]=ON            '快换紧打开
WAIT TIME=500       '延时500ms
LP[12]              '夹具上方点1
LP[13]              '夹具侧方一点
LP[14]              '夹具上方点2
LP[0]
LP[15]              '电动机筒体夹取过渡点
DO[10]=ON           '夹具松打开
LP[16]              '电动机筒体夹取点
WAIT TIME=500       '延时500ms
DO[10]=OFF          '夹具松关闭
DO[11]=ON           '夹具紧打开
WAIT TIME=500       '延时500ms
LP[15]              '电动机筒体夹取过渡点
LP[17]              '调整物料姿态点
LP[18]              '电动机筒体放置过渡点
LP[19]              '电动机筒体放置点
WAIT TIME=500       '延时500ms
DO[10]=ON           '夹具松打开
DO[11]=OFF          '夹具紧关闭
WAIT TIME=500       '延时500ms
LP[18]              '电动机筒体放置过渡点
WAIT TIME=500       '延时500ms
DO[49]=ON           '发送信号给PLC,使夹紧气缸动作
WAIT TIME=500       '延时500ms
DO[49]=OFF
LP[17]              '姿态调整点
LP[20]              '电动机转子夹取过渡点
LP[21]              '电动机转子夹取点
WAIT TIME=500       '延时500ms
DO[10]=OFF          '夹具松关闭
DO[11]=ON           '夹具紧打开
WAIT TIME=500       '延时500ms
LP[20]              '电动机转子夹取过渡点
LP[17]              '姿态调整点
LP[22]              '电动机转子放置过渡点
LP[23] VEL=50       '电动机转子放置点
WAIT TIME=500       '延时500ms
DO[10]=ON           '夹具松打开
DO[11]=OFF          '夹具紧关闭
WAIT TIME=500       '延时500ms
DO[10]=OFF          '夹具松关闭
L P[22]             '电动机转子放置过渡点
L P[17]             '姿态调整点
J JR[0]             '机器人回原点
J P[0]              '机器人运动到快换工具模块过渡点
L P[14]             '夹具上方点2
L P[13]             '夹具左方一点
L P[12]             '夹具上方点1
L P[11] VEL=50      '机器人运动到直口夹具取/放点
WAIT TIME=500       '延时500ms
DO[8]=ON            '快换松打开
DO[9]=OFF           '快换紧关闭
WAIT TIME=500       '延时500ms
L P[10]             '机器人运动到直口夹具取/放过渡点
J P[10]             '机器人运动到快换工具模块过渡点
J JR[0]             '机器人回原点
<end>
```

四、运行程序

在手动 T1 模式下，加载主程序“ZP-01”，若信息窗口无报警，则证明程序不存在语法问题。切换至单步模式，以 30%的速度倍率执行程序，根据路径规划逐行检验程序的可行性。

在 AUTO 模式下，以 40%的速度倍率执行程序，完成一个电动机的装配。

【任务评价】

在任务的重点是培养工业机器人操作人员的安全文明生产职业素养，使其掌握机器人复杂装配典型工艺的应用编程技能。任务评价内容分为职业素养和技能操作两部分，具体要求见表 6-10。

表 6-10 工业机器人电动机转子装配应用示教编程任务考核评价表

序号	评价内容	是/否完成	考核
职业素养(30 分)			
1	正确穿戴工作服和安全帽(5 分)		
2	安全规范使用工、量具(5 分)		
3	规范使用示教器(15 分)		
4	器材摆放符合 8S 要求(5 分)		
技能操作(70 分)			
1	正确安装、调整装配模块和快换工具模块(3 分)		
2	合理配置机器人 I/O 信号快捷按钮(2 分)		
3	合理规划装配路径,并完成路径规划图的绘制(7 分)		
4	机器人以合理姿态进行点位示教(5 分)		
5	机器人正确完成工具的拾取(5 分)		
6	取电动机筒体位置正确,姿态合理(5 分)		
7	装配电动机筒体位置正确,姿态合理(5 分)		
8	取电动机转子位置正确,姿态合理(5 分)		
9	装配电动机转子位置正确,姿态合理(5 分)		
10	装配过程中外部轴控制正确(3 分)		
11	装配过程中无干涉等情况(5 分)		
12	机器人正确完成工具的放置(5 分)		
13	机器人回原点(5 分)		
14	以 60%的速度自动运行程序,完成物料连续搬运(10 分)		
综合评价			

工业机器人典型应用编程模拟考核

现有一个工业机器人工作站，由工业机器人、快换工具模块、绘图模块、斜面搬运模块、电动机装配模块和立体仓库模块等组成，各模块布局如图 6-29 所示。在关节坐标系下，工业机器人原点位置为（0°，−90°，180°，0°，90°，0°）。

工业机器人末端工具如图 6-30 所示。辅助标定装置用于标定工具坐标。直口夹具用于取/放、搬运和装配电动机部件。

电动机装配工作站用于装配电动机部件，电动机成品由电动机外壳、电动机转子和电动机端盖组装而成，如图 6-31 所示。装配电动机时，先将电动机转子装配到电动机外壳中，再将电动机端盖装配到电动机转子上。

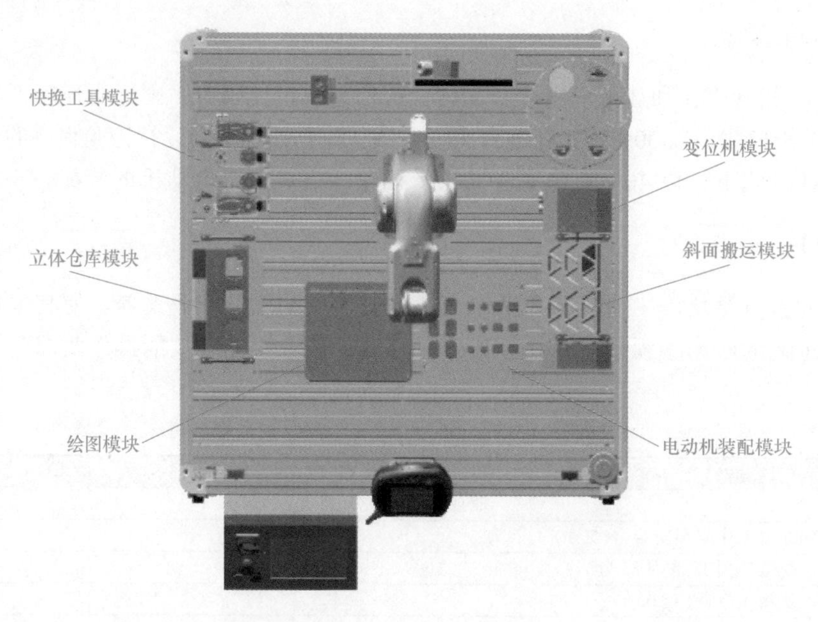

图 6-29 工作站各模块布局

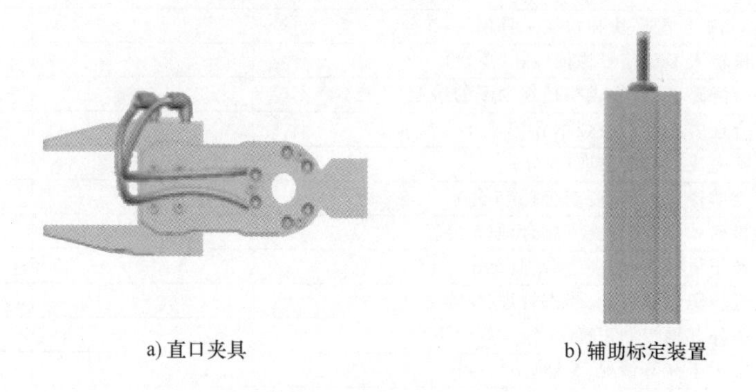

a) 直口夹具　　b) 辅助标定装置

图 6-30 机器人末端工具

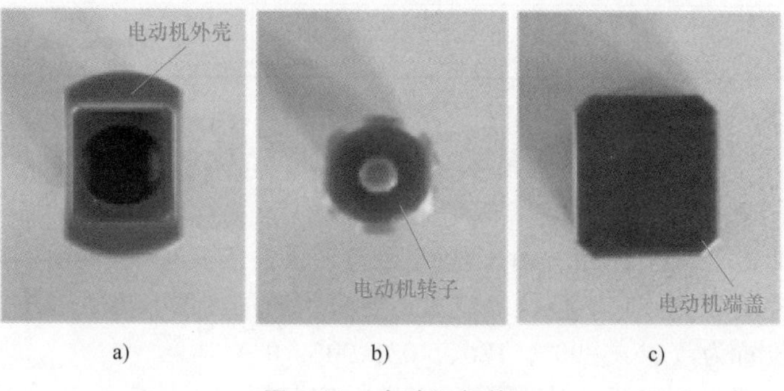

a)　　b)　　c)

图 6-31 电动机部件

创建并正确命名电动机部件装配程序。命名规则为“ZPA＊＊”或“ZPB＊＊”，其中，A为上午场，B为下午场；“＊＊”为工位号。要求对工业机器人进行示教编程，完成两套电动机部件的装配及入库过程。

本任务需要完成两个电动机外壳、两个电动机转子和两个电动机端盖的装配和入库过程。系统开始工作前，需要手动将两个电动机外壳、两个电动机转子和两个电动机端盖放置到斜面搬运模块上，手动将两个电动机外壳放置到立体仓库模块上，如图 6-32 所示。

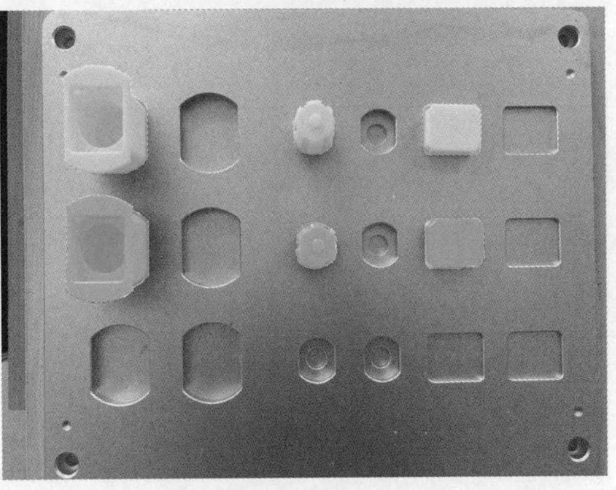

图 6-32 电动机装配模块

装配工作站的工作过程如下：

1）系统初始复位。使工业机器人处于非原点位置，手动将直口夹具安装在工业机器人末端，变位机处于非水平位置，装配模块上的定位气缸伸出。在工业机器人手动模式下，按工业机器人示教器上的“开始运行”按钮程序，工业机器人自动将直口夹具放置到快换工具模块上，使工业机器人末端无工具，然后返回工作原点；变位机由非水平位置状态复位到水平位置状态（即上下料位置状态）；装配模块上的定位气缸缩回。

2）抓取直口夹具。在自动模式下，加载工业机器人程序，按“开始运行”按钮，工业机器人从工作原点自动抓取直口夹具，抓取完成后，工业机器人返回工作原点。

3）变位机背向机器人一侧旋转。机器人抓取直口夹具后，变位机自动背向工业机器人一侧旋转 20°，使变位机处于电动机外壳装配状态。

4）电动机外壳装配。工业机器人自动抓取一个电动机外壳，并搬运到处于水平状态的变位机上，定位气缸推出固定电动机外壳工件。

5）变位机面向机器人一侧旋转。电动机外壳固定完成后，变位机自动面向工业机器人一侧旋转 20°，使变位机处于电动机转子和电动机端盖装配状态。

6）电动机转子装配。工业机器人自动抓取一个电动机转子，并装配到变位机上的电动机外壳中。

7）电动机端盖装配。工业机器人自动抓取一个电动机端盖，并装配到变位机上的电动机转子上。

8）变位机旋转至水平状态。电动机部件装配完成后，变位机自动旋转至水平位置，使变位机处于上下料状态。

9）电动机成品入库。变位机处于上下料状态后，工业机器人自动抓取电动机成品（电动机外壳、电动机转子和电动机端盖的颜色必须同为白色），并将电动机成品搬运到立体库 201 位置上，如图 6-33 所示。

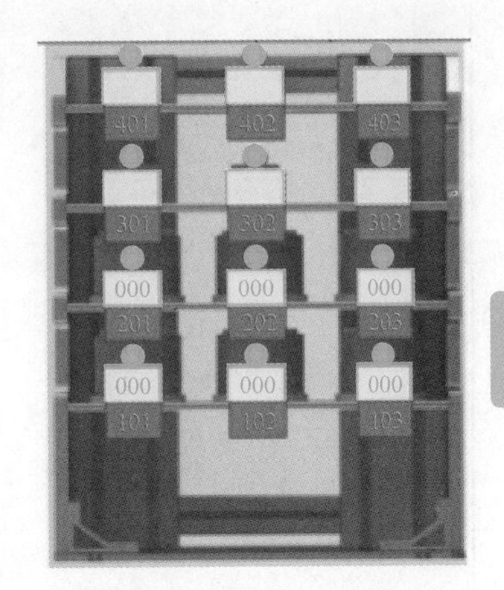

图 6-33 立体库位置示意

10）完成第二套电动机部件装配和电动机成品入库。第一套电动机成品入库完成后，依次循环步骤 3）~9），完成第二套电动机部件的装配和电动机成品入库，并将第二套电动机成品（颜色为黄色）搬运到立体库 102 位置上。

11）系统结束复位。待两套电动机成品入库完成后，工业机器人自动将直口夹具放入快换工具模块并返回工作原点，变位机旋转至水平状态。

按上述工作过程进行工业机器人相关参数设置和示教编程，正确完成电动机装配及成品的入库。

一、程序流程图

二、示教程序清单

任务考核评价表见表 6-11。

表 6-11 任务考核评价表

场次号____________工位号____________开始时间________________结束时间________

序号	考核要点	考核要求	配分	评分标准	得分	得分小计
一	物料搬运（70 分）	按任务要求正确摆放工件	3	正确摆放工件		
		手动安装吸盘工具	5	正确安装吸盘工具		
		正确创建并命名程序	2	创建程序 1 分，命名程序 1 分		
		机器人从工作原点开始运行	3	从工作原点开始运行 2 分		
		物料 1 正确抓取	3	正确抓取物料 1		
		物料 1 正确放置	3	正确放置物料 1		
		物料 2 正确抓取	3	正确抓取物料 2		
		物料 2 正确放置	3	正确放置物料 2		
		物料 3 正确抓取	3	正确抓取物料 3		
		物料 3 正确放置	3	正确放置物料 3		
		物料 4 正确抓取	3	正确抓取物料 4		
		物料 4 正确放置	3	正确放置物料 4		
		物料 5 正确抓取	3	正确抓取物料 5		
		物料 5 正确放置	3	正确放置物料 5		
		物料 6 正确抓取	3	正确抓取物料 6		
		物料 6 正确放置	3	正确放置物料 6		
		物料 7 正确抓取	3	正确抓取物料 7		
		物料 7 正确放置	3	正确放置物料 7		
		物料 8 正确抓取	3	正确抓取物料 8		
		物料 8 正确放置	3	正确放置物料 8		
		物料 9 正确抓取	3	正确抓取物料 9		
		物料 9 正确放置	3	正确放置物料 9		
		任务完成机器人回工作原点	3	正确返回工作原点 2 分		
二	职业素养（30 分）	遵守赛场纪律，无安全事故	6	纪律和安全各 1 分		
		工位保持清洁，物品整齐	6	工位和物品各 1 分		
		着装规范整洁，佩戴安全帽	6	着装和安全帽各 1 分		
		操作规范，爱护设备	6	规范和爱护设备各 1 分		
		尊重裁判，听从安排	6	尊重裁判服从安排各 1 分		
三	违规扣分项	机器人与快换工具装置支架干涉		每次扣 5 分		
		机器人带起快换工具装置支架		每次扣 5 分		
		机器人与绘图板干涉		每次扣 5 分		
		机器人与搬运工作台干涉		每次扣 5 分		
		机器人与其他设备发生干涉		每次扣 5 分		
		损坏设备		扣 20 分		
合计			100			

被考核人员签字	年 月 日	考评人员签字	年 月 日

项目七 工业机器人综合应用编程

【项目描述】

本项目利用编制机器人相应程序，使机器人完成绘图、搬运和码垛等综合训练任务，读者应掌握机器人坐标系设置、机器人路径规划、机器人指令应用、机器人码垛计算、机器人程序编制等内容。本项目的工作任务及职业技能点如图 7-1 所示。

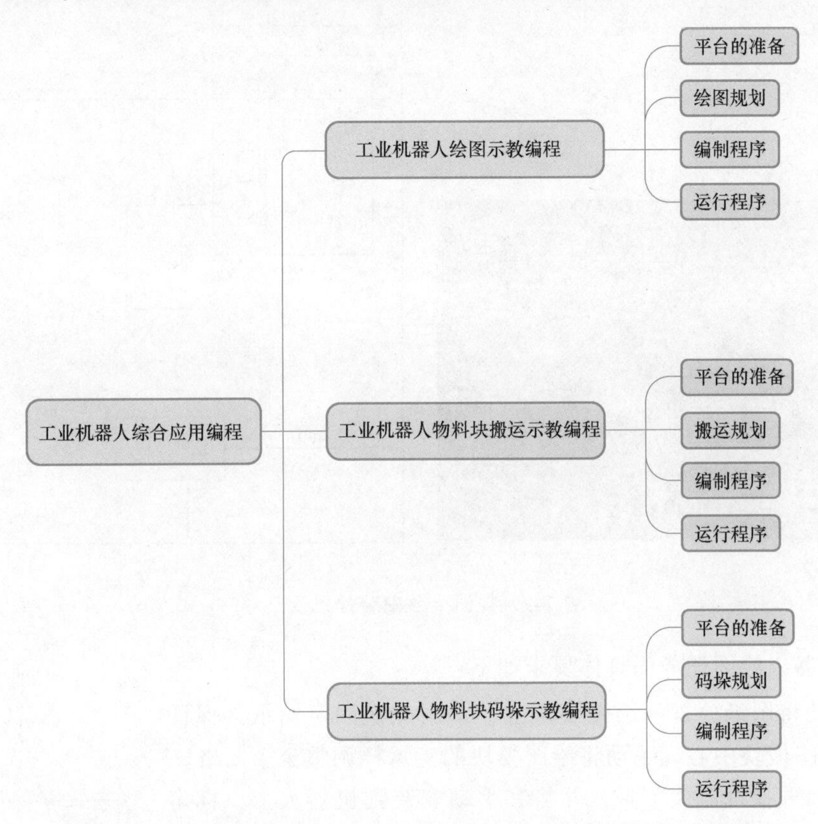

图 7-1 工业机器人搬运、码垛综合应用编程工作任务及职业技能点

操作时应注意以下几点：

1）仔细阅读任务要求，按照任务要求完成各综合应用任务。

2）检查考核平台，若有模块缺少、设备故障等情况，应及时向现场教师提出。

3）本项目参考完成时间为 150min，操作人员应在参考时间内独立完成所有任务操作。

4）操作人员不得使用任何电子储存设备进行辅助操作。

5）当出现操作失误而导致设备损坏、不能正常工作或造成安全事故时，应及时向现场教师反馈，由其进行后续处理。

任务一 工业机器人绘图示教编程

本任务由绘图模块平台的安装布局、工具的选择与安装、机器人绘图程序的编制以及机器人绘图程序的自动运行四部分内容组成。重点考核工业机器人的参数设置、基本操作和基础示教编程等技能点。

【任务描述】

手动将绘图模块按照任务要求进行倾斜，标定并验证绘图笔工具坐标系和绘图斜面工件坐标系，然后进行工业机器人示教编程，并通过调用工件坐标系和工具坐标系，实现工业机器人在图纸上自动绘制图形。机器人绘图实训平台安装效果及尺寸如图 7-2 所示。

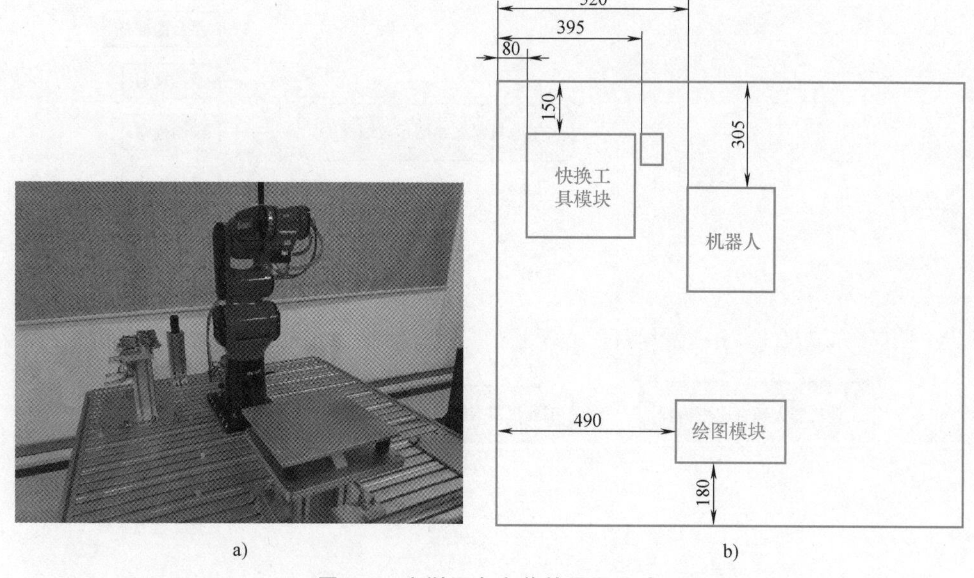

图 7-2 实训平台安装效果及尺寸

执行机器人绘图任务的具体要求如下：

1）手动将图纸放置到绘图模块上，并用磁铁固定图纸，保证图纸处于绘图模块中心。手动将绘图模块的支承杆调整至第四格。

2）正确选择机器人工具，并将其手动安装到机器人上，标定机器人工具的工具坐标系。根据绘图模块及图纸的位置，完成机器人工件坐标系的设置。手动操作机器人运行，将夹具放到快换工具模块的合适位置。标定方法可使用 4 点法或 6 点法。

3）新建程序名称为“HT-01”。编制程序，使机器人自动安装工具，自动在图纸上绘制五角星及外圆，五角星及外圆的尺寸如图 7-3 所示。五角星及外圆绘制完成后，机器人能够自动将工具放回快换工具模块的合适位置。

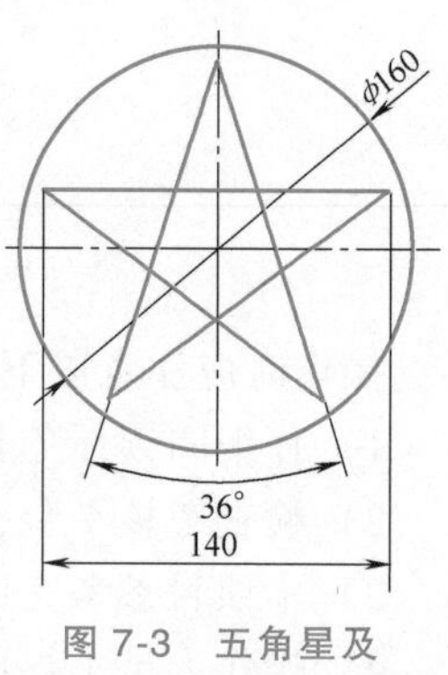

图 7-3 五角星及外圆尺寸

4）加载运行程序，先手动调试程序，再以 60%的自动运行速度运行程序。

【任务实施】

一、平台的准备

1. 绘图模块的调整

根据任务要求选择绘图模块、图纸、绘图笔工具和标定工件模块，并将这些模块安装在实训平台上。具体操作步骤如下：

1）手动松紧绘图模块支承杆，并将支承杆调整至第四格，如图 7-4a 所示，完成绘图模块的角度调整。

2）手动将绘图模块上的四块磁铁取下，将图纸平稳地铺在绘图模块的中心位置，并用磁铁将其固定，如图 7-4b 所示。

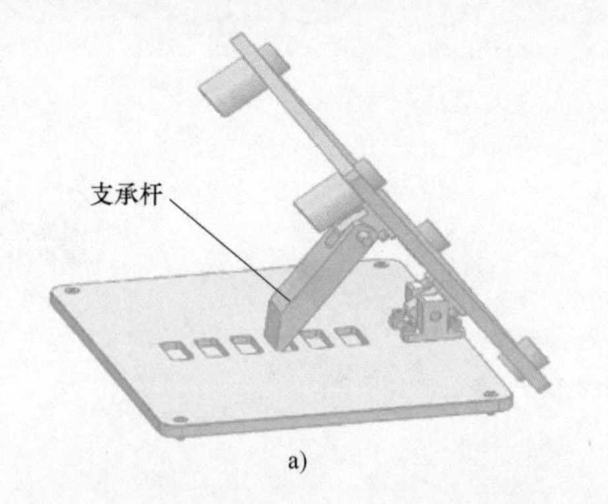

a)

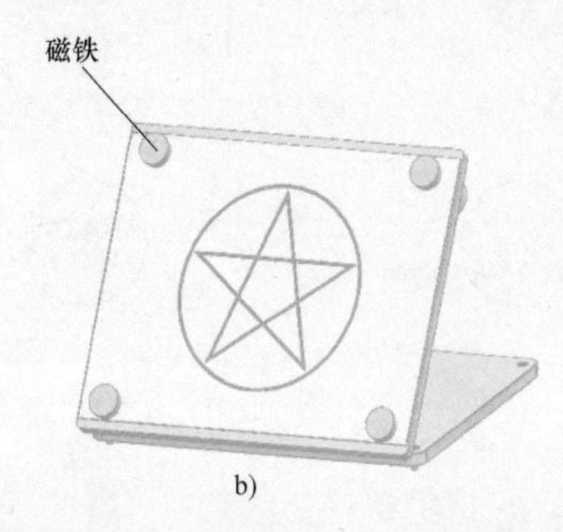

b)

图 7-4　绘图模块的调整

2. 机器人相关设备的准备

1）本任务选用绘图笔工具直接在绘图模块上进行绘图。

2）在机器人 I/O 界面配置参考地址（表 6-1）。

3）本任务基于图纸平面建立工件坐标系 2，工件坐标系 2 各轴方向如图 7-5 所示。

二、绘图规划

1. 确定绘制流程

机器人利用绘图工具绘图时，需要先在图纸的合适位置确立一个起点，通过对绘图路径进行规划，确定合适的路径后进行程序的编制。

2. 路径规划

根据机器人需要完成的绘制动作，对机器人进行路径规划。本任务中的机器人路径规划如图 7-6 所示。

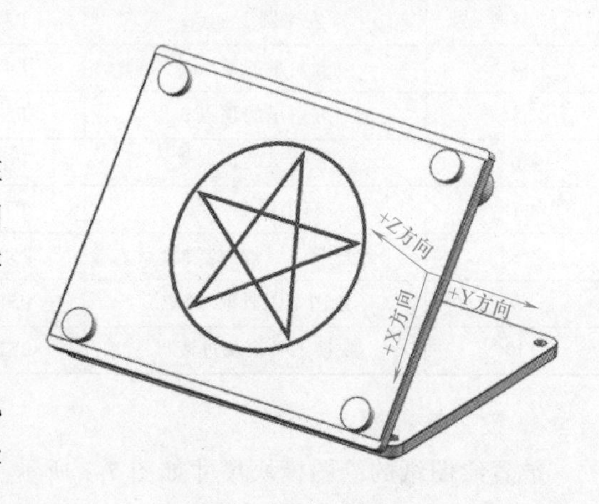

图 7-5　工件坐标系 2

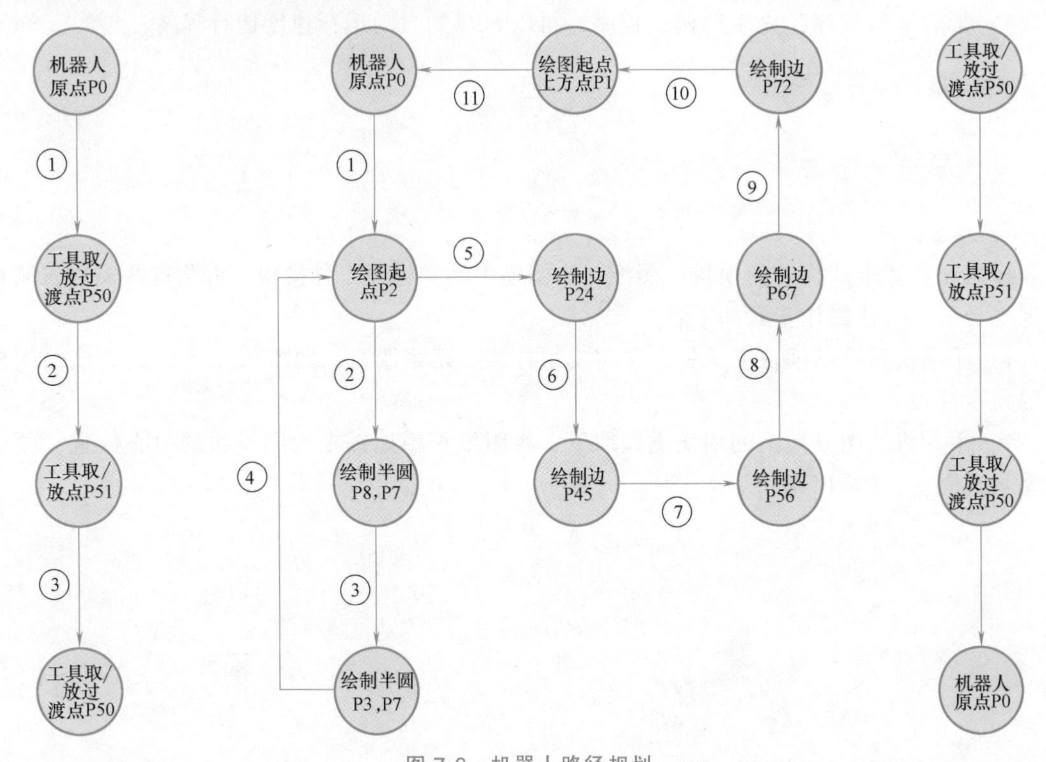

图 7-6 机器人路径规划

注：绘制边 P42 表示从 P4 点出发到 P2 点，其他同理。

3. 点位示教

根据任务要求及机器人路径规划，完成绘制关键点位的示教，见表 7-1。完成表中关键点位示教后，其余点都可以通过计算得出。

表 7-1 关键点位

序号	示教点位	点位代号	说明
1	绘图起点上方	P1	工件坐标系 2,工具坐标系 10
2	绘圆起点	P2	工件坐标系 2,工具坐标系 10
3	左半圆上一点	P3	工件坐标系 2,工具坐标系 10
4	五角星的顶点 2	P4	工件坐标系 2,工具坐标系 10
5	五角星的顶点 3	P5	工件坐标系 2,工具坐标系 10
6	五角星的顶点 4	P6	工件坐标系 2,工具坐标系 10
7	右半圆上一点	P7	工件坐标系 2,工具坐标系 10
8	绘图笔工具取/放过渡点	P50	世界坐标系
9	绘图笔工具取/放点	P51	世界坐标系
10	快换工具模块过渡点	P52	世界坐标系

4. 设置寄存器

放置绘图纸的绘图模块尺寸如图 7-7 所示。根据绘图纸及五角星尺寸，可以计算出五角星的各偏移角度，将其设置成中间变量，并将变量保存到 LR 寄存器中。绘图部分参考变量表见表 7-2。

表 7-2　绘图部分参考变量表

序号	寄存器	数值	说明
1	LR[1]	{0,0,0,0,0,0}	原点
2	LR[6]	{160,0,0,0,0,0}	外圆的直径

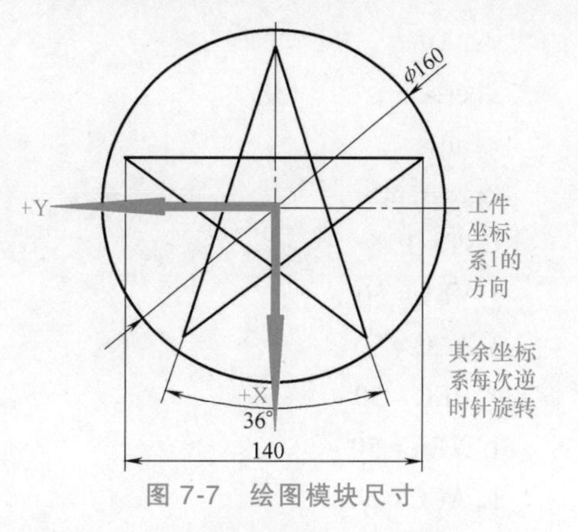

图 7-7　绘图模块尺寸

三、编制程序

1. 程序结构设计

由任务描述可知，机器人进行了三类动作：机器人取工具、机器人绘制五角星及外圆、机器人放工具。因此，机器人取工具、机器人放工具和机器人绘制图形可分别编制一个子程序。

2. 绘制运行流程

机器人绘图整体运行流程、工具拾取子程序运行流程、工具放置子程序运行流程可以参照图 6-9~图 6-11 所示。

3. 绘制五角星通用运行流程

机器人绘制五角星的运行流程需要考虑机器人的动作姿态和点位计算，如图 7-8 所示。

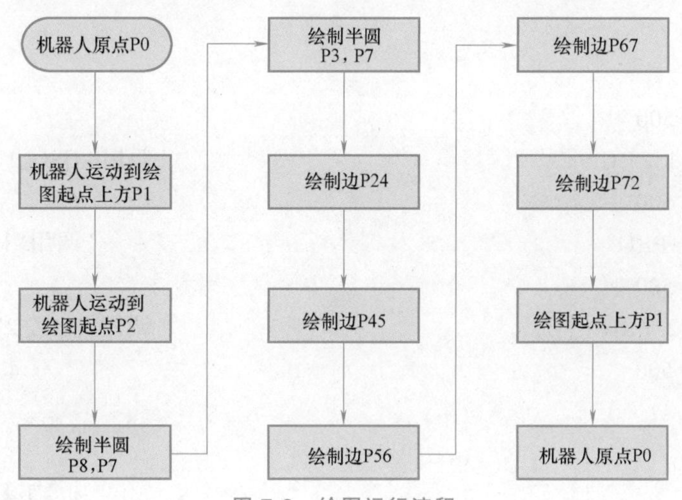

图 7-8　绘图运行流程

4. 编写示教程序

1）设置机器人运动参数。

2）新建名为“HT-01”绘图主程序。

3）为方便多次调用，分别新建名为“JJSQ_1”工具拾取子程序、“JJFZ_2”工具放置子程序和“HT_1”和绘图子程序。

参考程序如下：

绘图主程序“HT-01”

```
<attr>
VERSION:0
GROUP:[0]
```

```
<end>
<pos>
<end>
<program>
CNT=1                                       '平滑过渡为0
J_VEL=50                                    '关节速度
J_ACC=50                                    '关节加速比
J_DEC=50                                    '关节减速比
L_VEL=50                                    '直线速度
L_ACC=50                                    '直线加速比
L_DEC=50                                    '直线减速比
L_VROT=50                                   '直线姿态速度
C_VEL=50                                    '圆弧速度
C_DEC=50                                    '圆弧减速比
C_ACC=50                                    '圆弧加速比
C_VROT=50                                   '圆弧姿态速度
J JR[0]                                     '机器人回原点
DO[8]=ON                                    '快换松打开
DO[9]=OFF                                   '快换紧关闭
WAIT TIME=500
CALL "JJSQ_1.PRG"                           '调用"JJSQ_1"工具拾取子程序
WAIT TIME=500
CALL "HT_1.PRG"                             '调用"HT_1"绘图子程序
WAIT TIME=500
CALL "JJFZ_2.PRG"                           '调用"JJFZ_2"工具放置子程序
WAIT TIME=500
J JR[0]                                     '机器人回原点
<end>
                                            '工具拾取参考程序段
<attr>                                      '工具拾取程序"JJSQ_1"
VERSION:0
GROUP:[0]
<end>
<pos>
<end>
<program>

J P[52]                                     '机器人运动到快换夹具模块过渡点
L P[50]                                     '机器人运动到绘图笔工具取/放过渡点
```

```
L P[51]VEL=50                         '机器人运动到绘图笔工具取/放点
WAIT TIME=500                         '延时 500ms
DO[8]=OFF                             '快换松关闭
DO[9]=ON                              '快换紧打开
WAIT TIME=500                         '延时 500ms
L P[50]                               '机器人运动到绘图笔工具取/放过渡点
J P[0]                                '机器人运动到快换夹具模块过渡点
<end>
                                      '夹具放置参考程序段
<attr>                                '工具放置程序"JJFZ_2"
VERSION:0
GROUP:[0]
<end>
<pos>
<end>
<program>
J P[52]                               '机器人运动到快换工具模块过渡点
L P[50]                               '机器人运动到弧口夹具取/放过渡点
L P[51]VEL=50                         '机器人运动到弧口夹具取/放点
WAIT TIME=500                         '延时 500ms
DO[8]=ON                              '快换松打开
DO[9]=OFF                             '快换紧关闭
WAIT TIME=500                         '延时 500ms
L P[50]                               '机器人运动到弧口夹具取/放过渡点
J P[0]                                '机器人运动到快换工具模块过渡点
<end>
                                      '绘图参考程序段
<attr>                                '物料块搬运程序"HT_1"
VERSION:0
GROUP:[0]
<end>
<pos>
<end>
<program>
J P[0]
UTOOL_NUM=10
UFRAME_NUM=1
J P[1]
L P[2]
```

```
LR[7]=P[2]+LR[6]
C P[8]  LR[7]
C P[3]  P[2]
L P[4]
L P[5]
L P[6]
L P[7]
L P[2]
L P[1]
UFRAME_NUM=-1
UTOOL_NUM=-1
J JR[0]
<end>
```

四、运行程序

在手动 T1 模式下，加载主程序“HT-01”，若信息窗口无报警则证明程序不存在语法问题。切换至单步模式，以 10%的速度倍率执行程序，根据运动规划逐行检查程序的可行性。

在 AUTO 模式下，以 60%的速度倍率执行程序，完成五角星及外圆的绘制。

【任务评价】

本任务的重点是培养工业机器人操作人员的安全文明生产职业素养，使其掌握机器人绘图示教编程的技能。任务评价内容分为职业素养和技能操作两部分，具体要求见表 7-3。

表 7-3 工业机器人绘图应用编程任务考核评价表

序号	评价内容	是/否完成	得分
	职业素养(30 分)		
1	正确穿戴工作服和安全帽(5 分)		
2	安全规范使用工、量具(5 分)		
3	规范使用示教器(15 分)		
4	器材摆放符合 8S 要求(5 分)		
	技能操作(70 分)		
1	正确安装、调整绘图模块和快换工具模块(3 分)		
2	合理配置机器人 I/O 信号快捷按钮(2 分)		
3	正确标定机器人工具坐标系(4 分)		
4	合理选择工件坐标系并完成标定(4 分)		
5	合理规划绘图路径,并完成路径规划图的绘制(7 分)		
6	合理设置必要寄存器数值(5 分)		
7	机器人正确完成工具的拾取(4 分)		

（续）

序号	评价内容	是/否完成	得分
技能操作（70分）			
8	正确绘制五角星第一笔（按照规划动作）（4分）		
9	正确绘制五角星第二笔（按照规划动作）（4分）		
10	正确绘制五角星第三笔（按照规划动作）（4分）		
11	正确绘制五角星第四笔（按照规划动作）（4分）		
12	正确绘制五角星第五笔（按照规划动作）（4分）		
13	正确绘制外圆（按照规划动作）（6分）		
14	机器人正确完成工具的放置（4分）		
15	机器人回原点（3分）		
16	以60%的速度自动运行程序，完成图形的连续绘制（8分）		
综合评价			

任务二　工业机器人物料块搬运示教编程

本任务由综合实训平台的安装布局、工具的选择与安装、机器人综合搬运程序的编制及搬运程序的自动运行四部分内容组成。重点考核工业机器人的手动操作、简单外围设备的控制和典型应用的示教编程等技能点。

【任务描述】

本任务在已经完成安装布局的搬运码垛综合平台上进行，如图7-9所示。本任务要求将指定的物料块从码垛模块搬运至棋盘模块，确保按顺序要求自动完成所有物料块的搬运。

a)

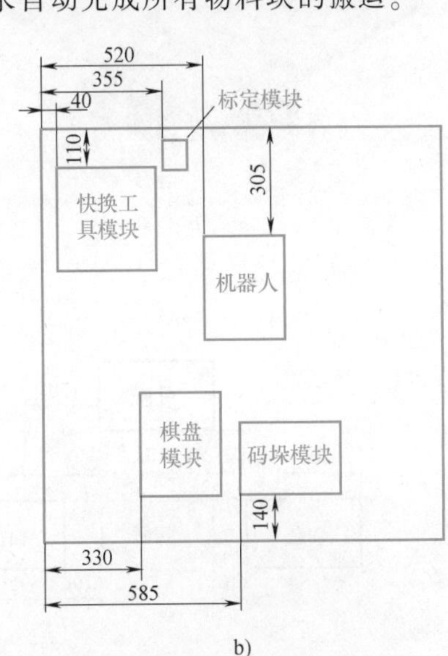

b)

图7-9　工业机器人物料块搬运布局及尺寸

执行机器人物料块搬运的具体要求如下：

1）手动将物料块按照图 7-10 所示的排列方式放到码垛模块上，保证物料块均正确放在码垛模块的凹槽内。物料块包含两种类型，其中黑色和白色小长方体的尺寸均为 30mm×30mm×20mm；黑色和白色大长方体的尺寸均为 60mm×30mm×20mm。

2）正确选择机器人工具，标定机器人工具的工具坐标系。根据物料块的放置位置及目标位置，完成机器人工件坐标系的设置。完成坐标系设置后，手动操作机器人运行，将夹具放置在快换工具模块的合适位置。物料块搬运的目标位置和状态如图 7-11a、b 所示，这些物料块应放在图 7-11c 所示棋盘模块蓝色方格的中心位置。

3）新建程序名称为“WLKBY_01”。编制程序，使机器人自动安装工具、将物料块搬运到棋盘模块的目标位置上，按照图 7-12a 所示的尺寸进行摆放，并且搬运的物料块为图 7-12b 中

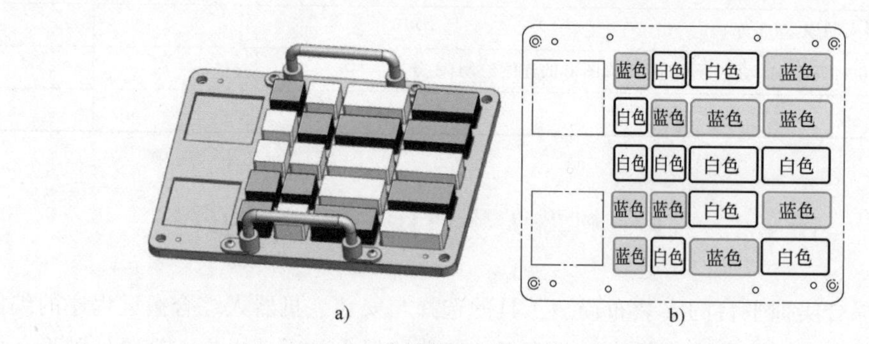

图 7-10 物料块在码垛模块上的排列方式

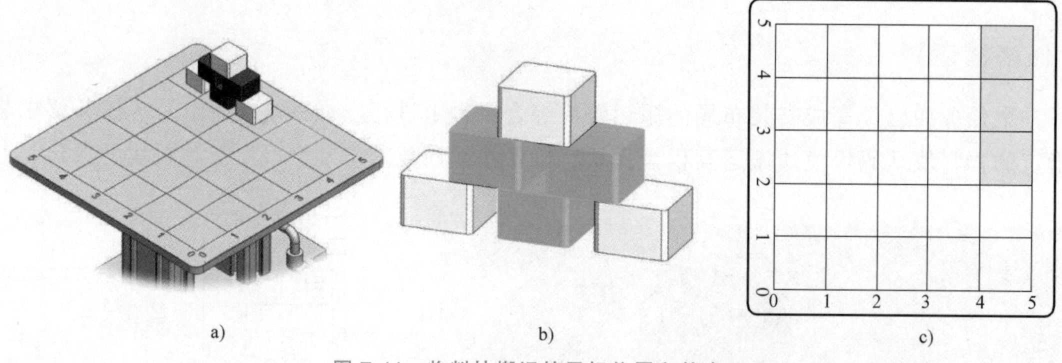

图 7-11 物料块搬运的目标位置和状态

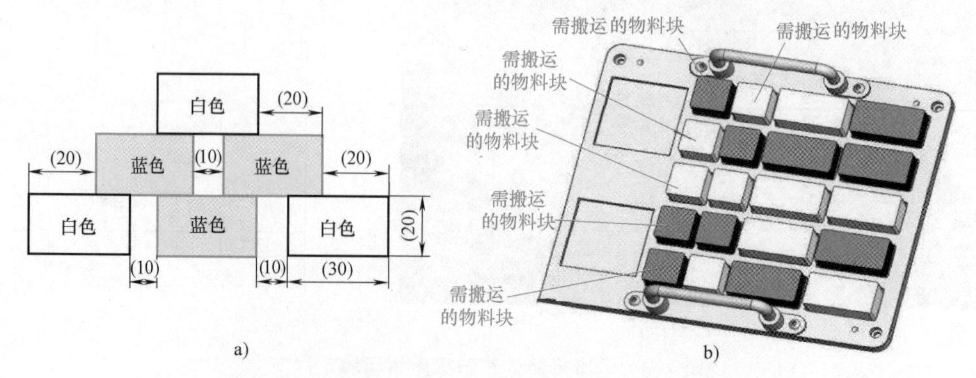

图 7-12 物料块摆放尺寸及需进行搬运的物料块示意

指定的物料块。完成搬运后，机器人能够自动将工具放到快换工具模块的合适位置上。

4）加载运行程序，先手动调试程序，完成后以70%的自动运行速度运行搬运程序。

【任务实施】

一、平台的准备

1. 物料块的放置及编号

按照任务要求，手动将物料块放置在码垛模块的凹槽内。为了便于物料块的搬运，根据码垛模块上物料块的摆放方式给物料块编号，如图7-13所示。

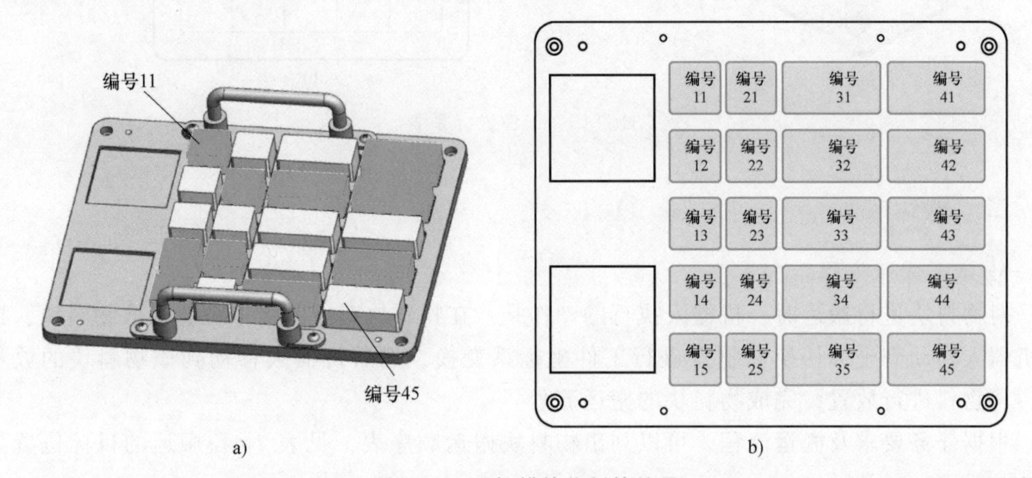

图7-13　码垛模块物料块编号

2. 机器人相关设备的准备

1）搬运工具的选择。本任务选用直口夹具和吸盘工具。

2）机器人I/O信号的配置与检测。在机器人I/O界面配置参考地址（表6-1）。

3）机器人工件坐标系的设置。本任务基于物料11的表面建立工件坐标系2，工件坐标系2的原点可以放在物料块11的吸附中心点，工件坐标系2如图7-14所示。

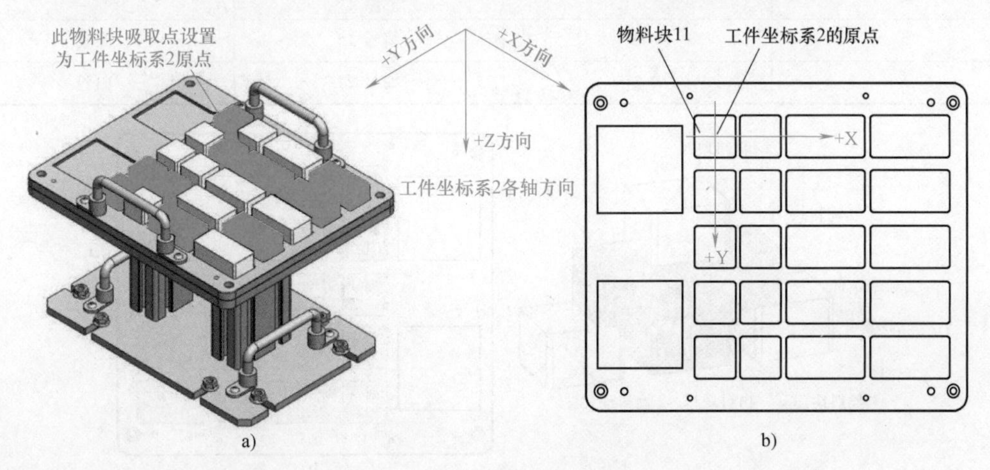

图7-14　工件坐标系2

以棋盘表面建立工件坐标系 3，原点设置在棋盘板物料块放置区域中心点，并且原点处于棋盘板平面上。工件坐标系 3 各轴方向如图 7-15 所示。

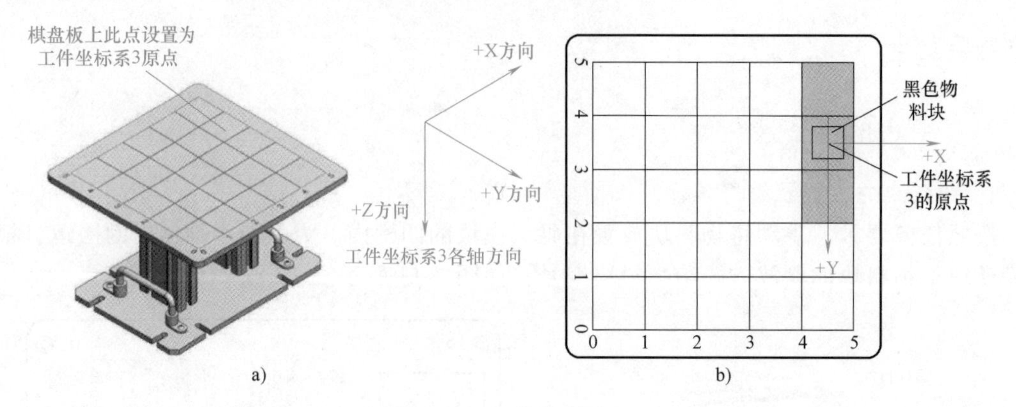

图 7-15　工件坐标系 3

二、搬运规划

1. 确定搬运流程

对物料块进行搬运时，机器人执行的动作是：在物料块对应的吸取位置吸取物料块，接着机器人移动到坐标切换调整点进行工件坐标系变换，然后机器人移动到该物料块的放料点，将物料进行放置，完成物料块的搬运流程。

根据任务要求及搬运流程，可以列出物料块搬运顺序表，见表 7-4，搬运的目标位置如图 7-16 所示。

表 7-4　物料块搬运顺序

搬运序号	放置层数	物料块编号	物料块颜色
1	1	编号 11	黑色
2	1	编号 12	白色
3	1	编号 13	白色
4	2	编号 14	黑色
5	2	编号 15	黑色
6	3	编号 21	白色

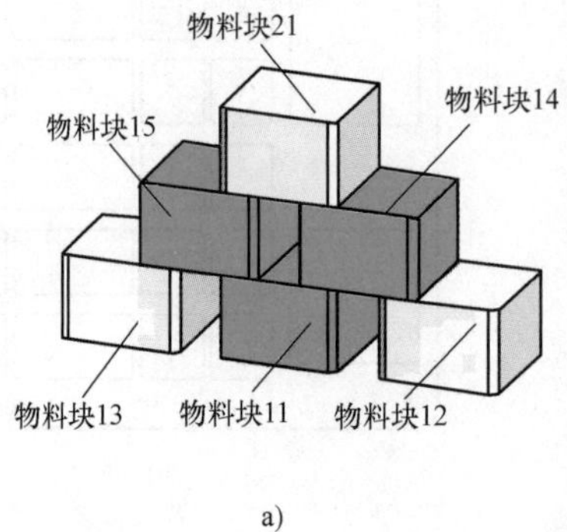

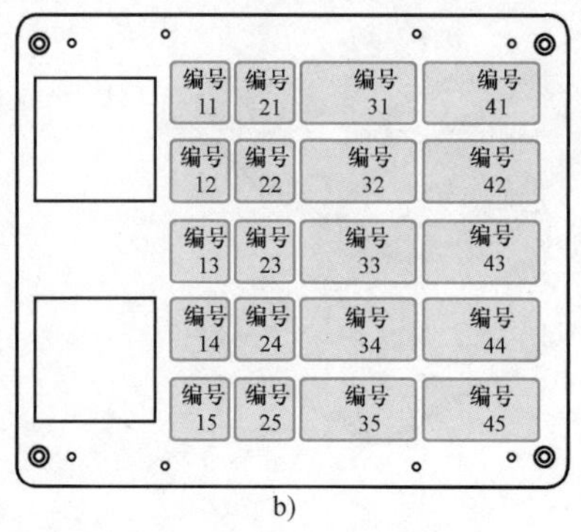

图 7-16　物料块搬运的目标位置

2. 路径规划

根据机器人需要完成的搬运动作，对机器人进行路径规划如图 7-17 所示。图中 X 代表列，Y 代表行，例如物料块 23 的取料过渡点为 P（231）点，取料点为 P（232）点，放料过渡点为 P（233）点，放料点为 P（234）点。

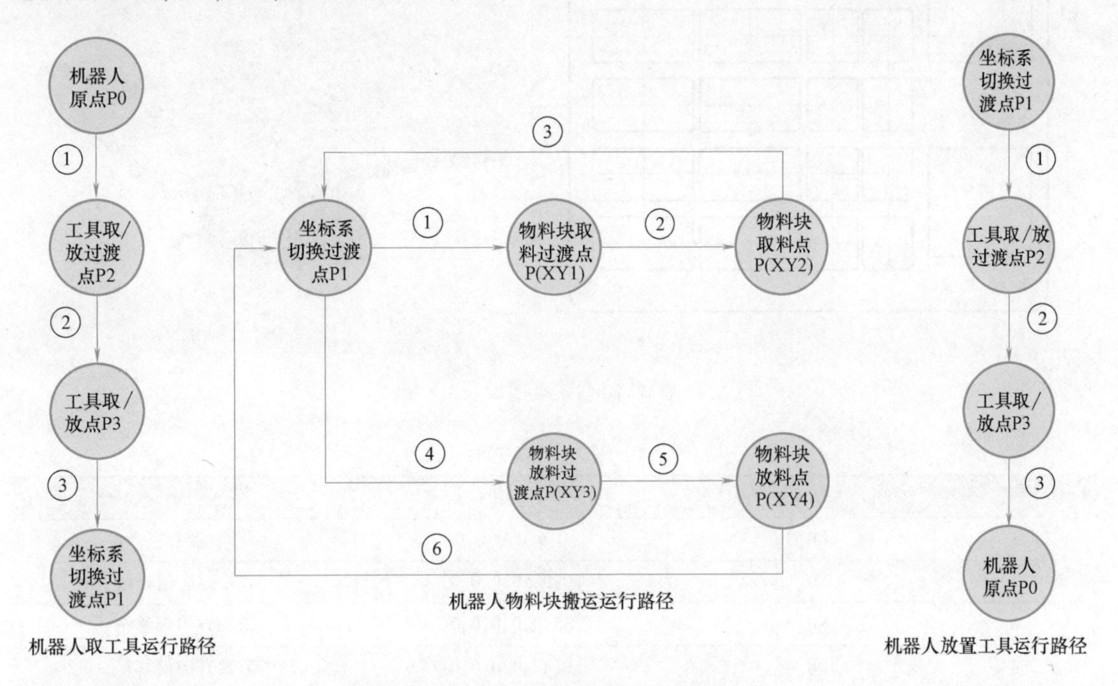

图 7-17　机器人搬运路径规划

3. 点位示教

根据物料块搬运的要求及机器人路径规划，完成搬运必须进行点位示教。关键示教点位见表 7-5。完成表中的点位示教后，其余点都可以通过计算得出。

表 7-5　关键示教点位

序号	关键示教点位	点位代号	说明
1	坐标系切换过渡点	P1	坐标系切换
2	吸盘标准姿态点	LR[8]	吸盘状态调整,方便吸取
3	工具取/放过渡点	P2	机器人世界坐标系
4	工具取/放点	P3	机器人世界坐标系
5	物料块 11 取料点	LR[112]	工件坐标系 2 原点(可不示教)
6	物料块 11 放料点	LR[114]	可不示教,通过计算得出

4. 设置寄存器

放置物料块的棋盘模块尺寸如图 7-18 所示。根据码垛模块尺寸，设置搬运取料部分中间变量，并将变量保存到 LR 寄存器中。物料块取料过渡点与取料点的距离、物料块放料过渡点与放料点的距离可以人为设置为 50mm。取料部分中间变量见表 7-6。

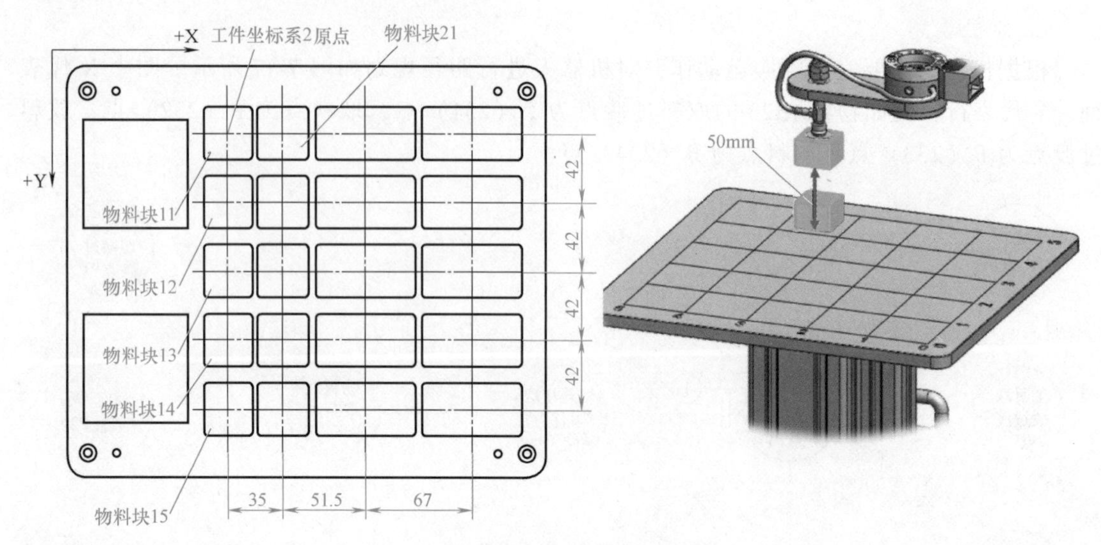

图 7-18 棋盘模块尺寸

表 7-6 取料部分中间变量

序号	寄存器	数值	说明
1	LR[1]	{0,0,0,0,0,0}	原点
2	LR[2]	{0,0,50,0,0,0}	Z 轴方向偏移量
3	LR[3]	{35,0,0,0,0,0}	X 轴方向偏移量
4	LR[4]	{0,42,0,0,0,0}	Y 轴方向偏移量

物料块放料过渡点与放料点的距离在搬运取料部分已经设置，这里无须再次设置。物料块的高度均为 20mm，而工件坐标系 3 的原点在棋盘板上，物料块放料点距离原点在 Z 方向的距离应为 20mm，根据图 7-18 所示的尺寸设置中间变量，搬运放料部分中间变量见表 7-7。

表 7-7 搬运放料部分中间变量

序号	寄存器	数值	说明
1	LR[5]	{0,20,0,0,0,0}	Y 轴方向偏移量 1
2	LR[6]	{40,40,0,0,0,0}	Y 轴方向偏移量 2
3	LR[7]	{0,0,20,0,0,0}	Z 轴方向偏移量

5. 点位计算

完成中间变量的设置后，由这些变量及取料部分、放料部分尺寸可以计算出每个物料块各点的具体位置。下面以搬运到最下层且靠近棋盘板边缘的白色物料块 13 为例介绍点位计算的方法。

1）对该物料块各点位进行编号，见表 7-8。

表 7-8 物料块 13 各点位编号表

物料块 13	取料过渡点	取料点	放料过渡点	放料点
点位代号	LR[131]	LR[132]	LR[133]	LR[134]

2）计算取料点 LR［132］数值，如图 7-19 所示。

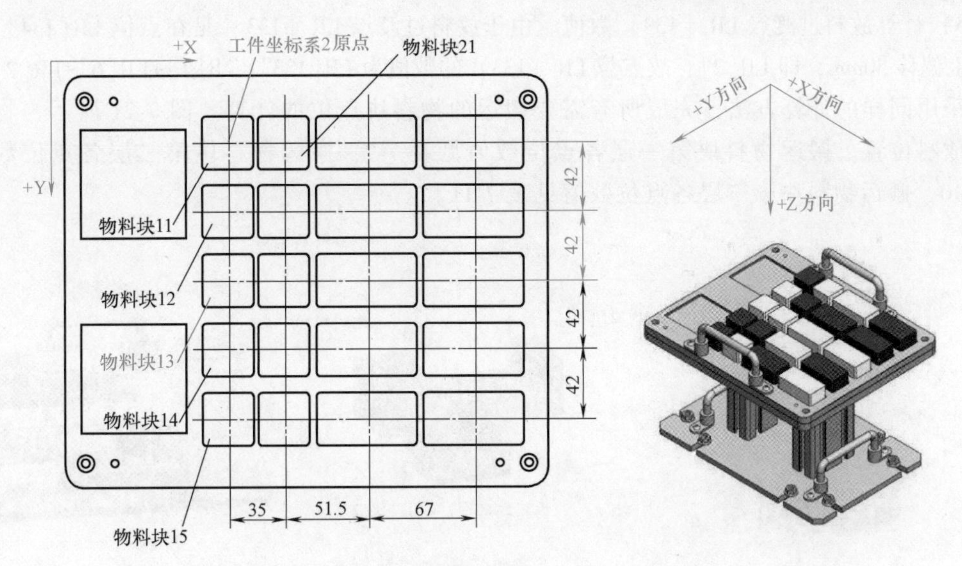

图 7-19　物料块 13 取料点 LR［132］的数值计算

① X 轴方向：该点 X 轴方向相对工件坐标系 2 原点无偏移，不调用寄存器变量。

② Y 轴方向：该点 Y 轴方向相对工件坐标系 2 原点向+Y 方向偏移（42+42）mm，对应使用寄存器 LR[4]+LR[4]。

③ Z 轴方向：该点 Z 轴方向相对工件坐标系 2 原点无偏移，不调用寄存器变量。

取料点 LR［132］数值计算方式是：将 X 轴、Y 轴、Z 轴方向使用的寄存器相加，再加上原点 LR［1］，即取料点 LR［132］数值为 LR[1]+LR[4]+LR[4]。

3）计算取料过渡点 LR［131］数值。由于取料过渡点 LR［131］是在点位 LR［132］的+Z 方向上偏移 50mm，即 LR［2］，所以点位 LR［131］的数值为 LR[1]+LR[4]+LR[4]-LR[2]。

4）计算放料点 LR［134］数值，如图 7-20 所示。

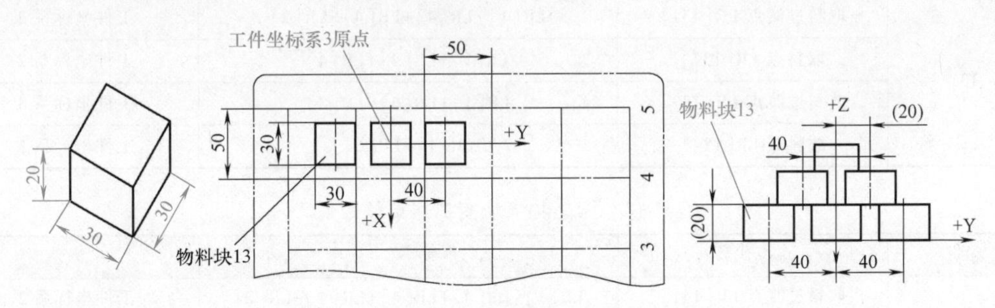

图 7-20　物料块 13 放料点 LR［134］的数值计算

① X 轴方向：该点 X 轴方向相对工件坐标系 3 原点向+Y 方向偏移 40mm，对应使用寄存器 LR[6]。

② Y 轴方向：该点 Y 轴方向相对工件坐标系 3 原点无偏移，不调用寄存器变量。

③ Z 轴方向：该点 Z 轴方向相对工件坐标系 3 原点无偏移，不调用寄存器变量。

由此可得出放料点 LR［134］数值为 LR[1]+LR[6]。

5）计算放料过渡点 LR［133］数值。由于放料过渡点 LR［133］是在点位 LR［134］的-Z方向上偏移 50mm，即 LR[2]，故点位 LR［133］的数值为 LR[133]=LR[1]+LR[6]-LR[2]。

采用同样的计算方法，完成所有需要搬运的物料块点位的计算。图 7-21 所示为物料块搬运放料位置。搬运物料块第一层各点位数值见表 7-9，搬运物料块第二层各点位数值见表 7-10，搬运物料块第三层各点位数值见表 7-11。

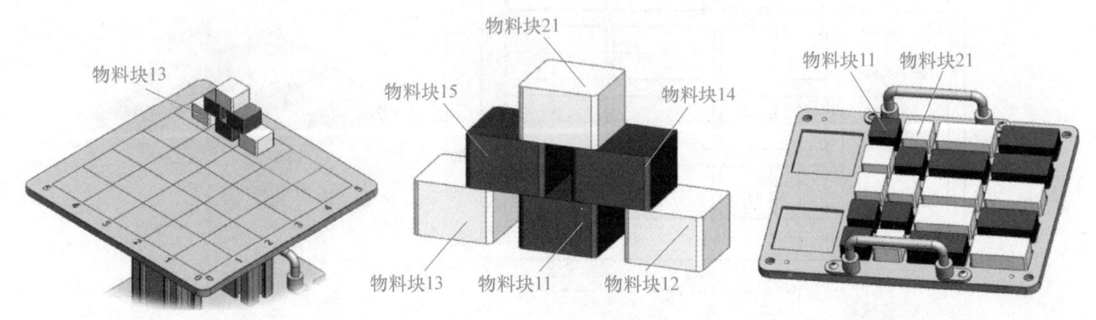

图 7-21 物料块搬运放料位置

表 7-9 搬运物料块第一层各点位数值

编号	点位代号	数值	坐标系
11	取料过渡点 LR[111]	LR[1]-LR[2]	工件坐标系 2
	取料点 LR[112]	LR[1]	工件坐标系 2
	放料过渡点 LR[113]	LR[1]-LR[2]	工件坐标系 3
	放料点 LR[114]	LR[1]	工件坐标系 3
12	取料过渡点 LR[121]	LR[1]+LR[4]-LR[2]	工件坐标系 2
	取料点 LR[122]	LR[1]+LR[4]	工件坐标系 2
	放料过渡点 LR[123]	LR[1]-LR[6]-LR[2]	工件坐标系 3
	放料点 LR[124]	LR[1]-LR[6]	工件坐标系 3
13	取料过渡点 LR[131]	LR[1]+LR[4]+LR[4]-LR[2]	工件坐标系 2
	取料点 LR[132]	LR[1]+LR[4]+LR[4]	工件坐标系 2
	放料过渡点 LR[133]	LR[1]+LR[6]-LR[2]	工件坐标系 3
	放料点 LR[134]	LR[1]+LR[6]	工件坐标系 3

表 7-10 搬运物料块第二层点位数值

编号	点位代号	数值	坐标系
14	取料过渡点 LR[141]	LR[1]+LR[4]+LR[4]+LR[4]-LR[2]	工件坐标系 2
	取料点 LR[142]	LR[1]+ LR[4] * 3	工件坐标系 2
	放料过渡点 LR[143]	LR[1]-LR[5]-LR[7]- LR[2]	工件坐标系 3
	放料点 LR[144]	LR[1]-LR[5]-LR[7]	工件坐标系 3
15	取料过渡点 LR[151]	LR[1]+ LR[4] * 4- LR[2]	工件坐标系 2
	取料点 LR[152]	LR[1]+ LR[4] * 4	工件坐标系 2
	放料过渡点 LR[153]	LR[1]+LR[5]-LR[7]- LR[2]	工件坐标系 3
	放料点 LR[154]	LR[1]+LR[5]-LR[7]	工件坐标系 3

表 7-11　搬运物料块第三层点位数值

编号	点位代号	数值	坐标系
21	取料过渡点 LR[211]	LR[1]+LR[3]-LR[2]	工件坐标系 2
	取料点 LR[212]	LR[1]+LR[3]	工件坐标系 2
	放料过渡点 LR[213]	LR[1]-LR[7] * 2- LR[2]	工件坐标系 3
	放料点 LR[214]	LR[1]-LR[7] * 2	工件坐标系 3

三、编制程序

1. 程序结构分析

对于所有物料块搬运程序而言，由于程序结构是类似的，所以可编制通用程序，进行复制，然后修改每个程序中物料块的对应点位，完成各物料块子程序的编写；还可以利用前面所述的结构化程序设计的思路进行编写。

2. 绘制运行流程图

1）机器人物料块搬运整体运行流程图如图 7-22 所示。

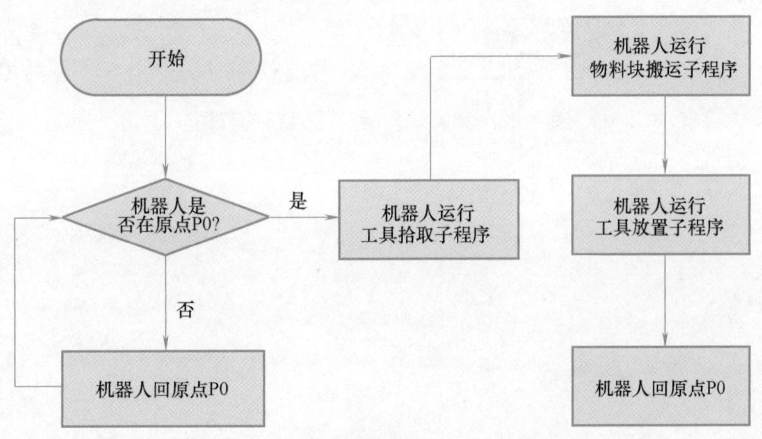

图 7-22　物料块搬运整体运行流程图

2）设计工具拾取子程序运行流程图、工具放置子程序运行流程图，可以参照图 6-19 和图 6-20 所示。

3）绘制物料块搬运通用运行流程图，如图 7-23 所示。

3. 示教编程

1）设置机器人运动参数。

2）新建名为“WLKBY_01”的机器人物料块搬运主程序。

3）为方便多次调用，分别新建名为“JJSQ_1”工具拾取子程序、“JJFZ_2”工具设置子程序和“BY”搬运物料块子程序。

参考程序如下。

```
<attr>                                  '搬运主程序“WLKBY_01”
VERSION:0
GROUP:[0]
```

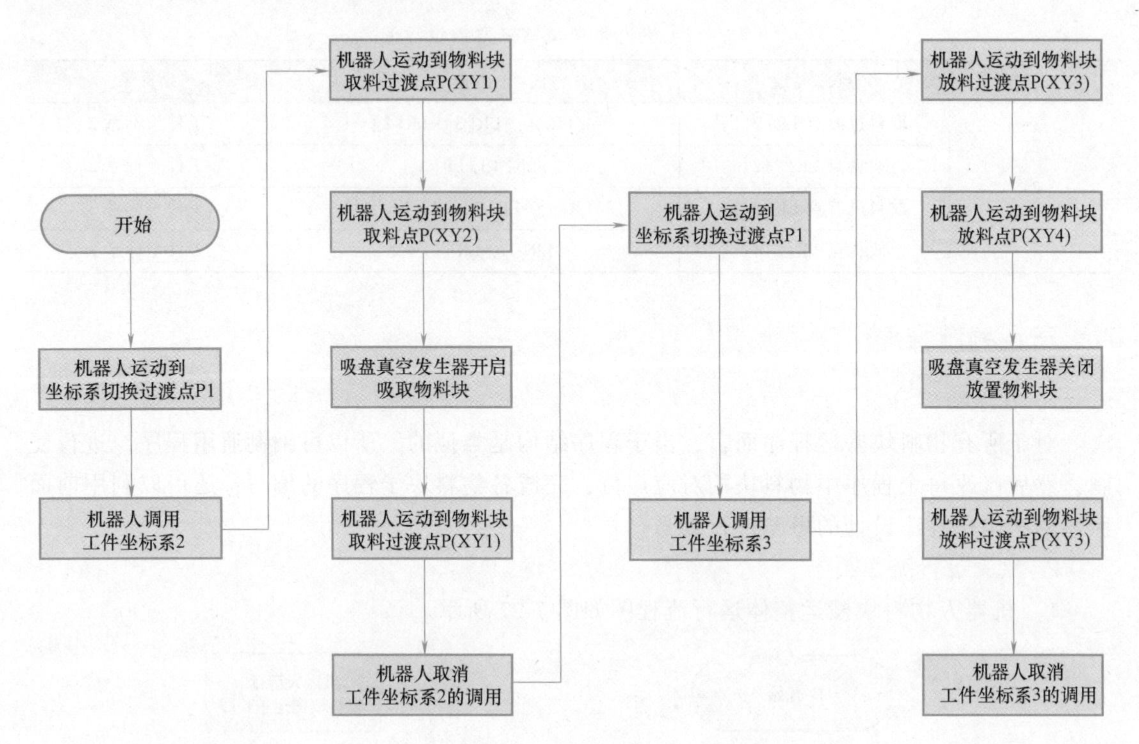

图 7-23　物料块搬运通用运行流程图

```
<end>
<pos>
<end>
<program>
J JR[0]                                   '机器人回原点
DO[8]=OFF                                 '快换松打开
DO[9]=OFF                                 '快换紧关闭
DO[10]=OFF                                '夹具松关闭
DO[11]=OFF                                '夹具紧关闭
WAIT TIME=500
CALL "JJSQ_1.PRG"                         '调用程序名为“JJSQ_1”的工具拾取子程序
WAIT TIME=500
CALL "BY.PRG"                             '调用程序名为“BY”的搬运物料块子程序
WAIT TIME=500
CALL "JJFZ_2.PRG"                         '调用程序名为“JJFZ_2”的夹具放置子程序
WAIT TIME=500
J JR[0]                                   '机器人回原点
<end>
```

“工具拾取”参考程序段

```
<attr>                                    '工具拾取子程序“JJSQ_1”
```

```
VERSION:0
GROUP:[0]
<end>
<pos>
<end>
<program>
J P[0]                                 '机器人运动到快换工具模块过渡点
L P[50]                                '机器人运动到吸盘工具取/放过渡点
L P[51]VEL=50                          '机器人运动到吸盘工具取/放点
WAIT TIME=500                          '延时 500ms
DO[8]=OFF                              '快换松关闭
DO[9]=ON                               '快换紧打开
WAIT TIME=500                          '延时 500ms
L P[50]                                '机器人运动到吸盘工具取/放过渡点
J P[0]                                 '机器人运动到快换工具模块过渡点
<end>
                                       '工具放置"参考子程序段
<attr>                                 '工具放置子程序"JJFZ_2"
VERSION:0
GROUP:[0]
<end>
<pos>
<end>
<program>
J P[0]                                 '机器人运动到快换工具模块过渡点
L P[50]                                '机器人运动到吸盘工具取/放过渡点
L P[51]VEL=50                          '机器人运动到吸盘工具取/放点
WAIT TIME=500                          '延时 500ms
DO[8]=ON                               '快换松打开
DO[9]=OFF                              '快换紧关闭
WAIT TIME=500                          '延时 500ms
L P[50]                                '机器人运动到吸盘工具取/放过渡点
J P[0]                                 '机器人运动到快换工具模块过渡点
<end>
                                       "搬运物料块"参考子程序段
<attr>                                 '搬运物料块子程序"BY"
VERSION:0
GROUP:[0]
<end>
```

```
<pos>
<end>
<program>
R[0]=11
R[100]=0
                                                    '取料点位置赋值
LR[112]=LR[1]
LR[122]=LR[1]+LR[4]
LR[132]=LR[1]+LR[4]*2
LR[142]=LR[1]+LR[4]*3
LR[152]=LR[1]+LR[4]*4
LR[212]=LR[1]+LR[3]
                                                    '取料上方点位置赋值
LR[111]=LR[112]-LR[2]
LR[121]=LR[122]-LR[2]
LR[131]=LR[132]-LR[2]
LR[141]=LR[142]-LR[2]
LR[151]=LR[152]-LR[2]
LR[211]=LR[212]-LR[2]

                                                    '放料点位置赋值
LR[114]=LR[1]
LR[124]=LR[1]-LR[6]
LR[134]=LR[1]+LR[6]
LR[144]=LR[1]-LR[5]-LR[7]
LR[154]=LR[1]+LR[5]-LR[7]
LR[214]=LR[1]-LR[7]*2
                                                    '放料上方点位置赋值
LR[113]=LR[114]-LR[2]
LR[123]=LR[124]-LR[2]
LR[133]=LR[134]-LR[2]
LR[143]=LR[144]-LR[2]
LR[153]=LR[154]-LR[2]
LR[213]=LR[214]-LR[2]
J JR[0]
WHILE R[100]<6
R[1]=R[0]*10+1
R[2]=R[0]*10+2
R[3]=R[0]*10+3
```

```
R[4]=R[0]*10+4
J P[1]
UFRAME_NUM=2
L LR[R[1]]
L LR[R[2]]
WAIT TIME=500
DO[12]=ON
WAIT TIME=500
L LR[R[1]]
J P[1]
UFRAME_NUM=3
L LR[R[3]]
L LR[R[4]]
WAIT TIME=500
DO[12]=OFF
WAIT TIME=500
L LR[R[3]]
R[0]=R[0]+1
R[100]=R[100]+1
WHILE R[0]=16
R[0]=21
END WHILE
END WHILE
J P[1]
J JR[0]
UFRAME_NUM=-1
<end>
```

四、运行程序

在手动 T1 模式下，加载主程序“WLKBY_01”，若信息窗口无报警，则证明程序不存在语法问题。切换至单步模式，以 10%的速度倍率执行程序，根据路径规划逐行检查程序的可行性。

在 AUTO 模式下，以 60%的速度倍率执行程序，完成物料块的搬运。

【任务评价】

本任务的重点是培养工业机器人操作人员的安全文明生产职业素养，使其掌握机器人搬运综合应用编程技能。任务评价内容分为职业素养和技能操作两部分，具体内容见表 7-12。

表 7-12 工业机器人物料块搬运示教编程任务考核评价表

序号	评价内容	是/否完成	得分
职业素养(30分)			
1	正确穿戴工作服和安全帽(5分)		
2	安全规范使用工、量具(5分)		
3	规范使用示教器(15分)		
4	器材摆放符合8S要求(5分)		
技能操作(70分)			
1	正确安装、调整码垛模块和快换工具模块(2分)		
2	正确标定机器人的工具坐标系(3分)		
3	合理选择工件坐标系并完成标定(3分)		
4	合理规划搬运路径,并完成路径规划图的绘制(5分)		
5	合理设置必要的寄存器数值(5分)		
6	机器人以合理的姿态示教关键点位(3分)		
7	完成物料块搬运的各点位计算(10分)		
8	机器人正确完成工具的拾取(3分)		
9	机器人正确完成第一层物料块的搬运(9分)		
10	机器人正确完成第二层物料块的搬运(6分)		
11	机器人正确完成第三层物料块的搬运(3分)		
12	物料块搬运完成后的形状符合尺寸要求(4分)		
13	机器人正确完成工具的放置(3分)		
14	机器人回原点(3分)		
15	以60%的速度自动运行程序,完成物料的连续搬运(8分)		
综合评价			

任务三　工业机器人物料块码垛示教编程

本任务由综合实训平台的安装布局、复合工具选择与安装、码垛程序的编制及程序的自动运行四部分内容组成。重点考核工业机器人的参数设置、基本操作、外围设备控制和装配应用的示教编程等技能点。

【任务描述】

本任务在已经完成安装布局的搬运码垛综合平台上进行，如图 7-24 所示。本任务要求将指定的物料块从码垛模块搬运至棋盘模块，确保按顺序要求自动完成所有物料块的码垛。

执行机器人物料块码垛的具体要求如下：

1）手动将物料块按照图 7-25 所示的排列方式放到码垛模块上。保证物料块均正确放在码垛模块的凹槽内。

2）正确选择机器人工具，并手动安装到机器人上，标定机器人工具的工具坐标系。根据物料块的放置位置及需要进行码垛的位置，完成机器人工件坐标系的设置。物料块的码垛形式及位置如图 7-26 所示。垛形放到图 7-26 所示棋盘模块阴影处的中心位置。

3）新建程序名称为“WLKMD_01”。按照图 7-27 所示垛形进行码垛。码垛使用的物料块请读者自行选择。完成物料块的码垛后，机器人能够自动将工具放到快换工具模块的合适位置。

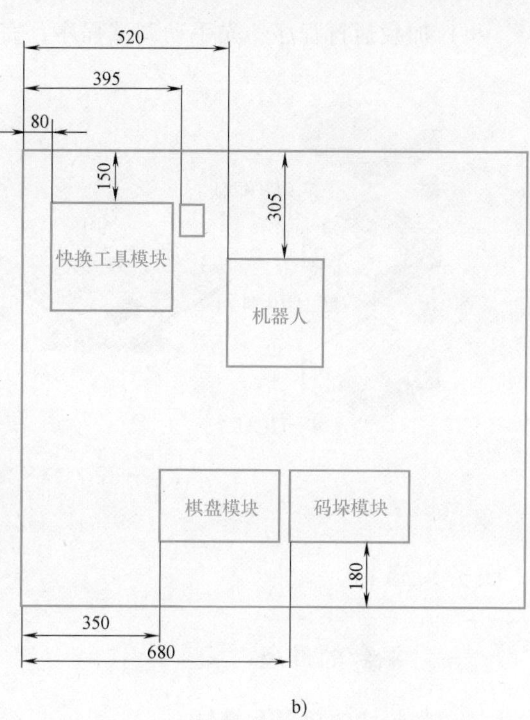

a) b)

图 7-24 工业机器人物料块码垛布局及尺寸

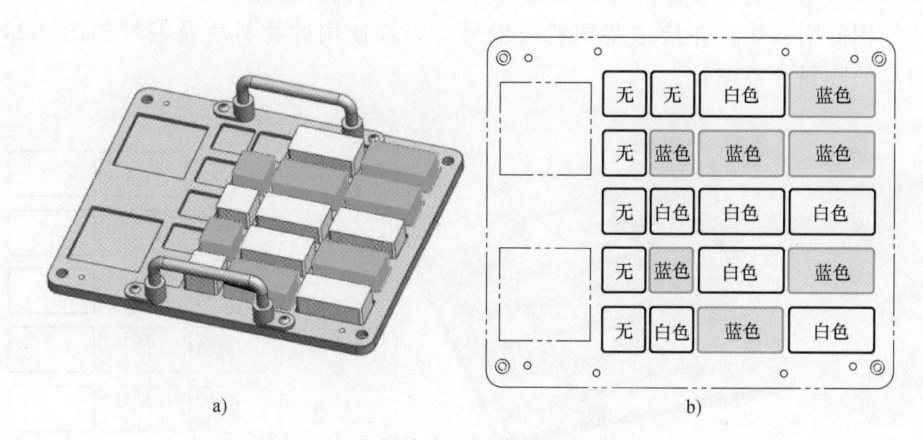

a) b)

图 7-25 物料块在码垛模块上的排列方式

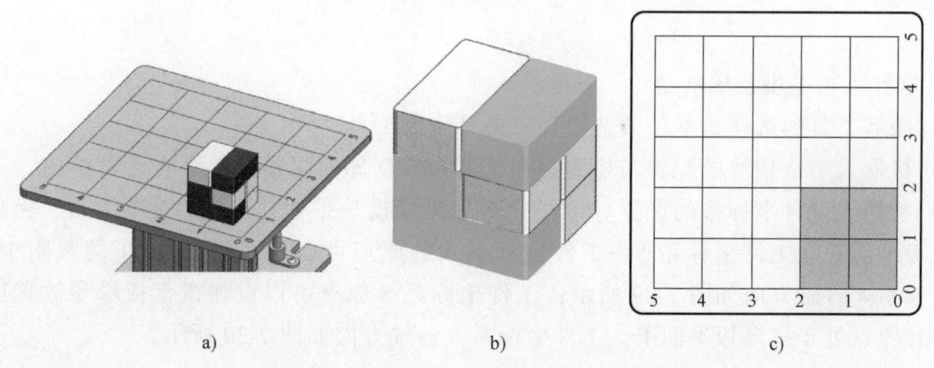

a) b) c)

图 7-26 物料块的码垛形式及放置位置

4）加载运行程序，先手动调试程序，完成后以 80%的自动运行速度运行码垛程序。

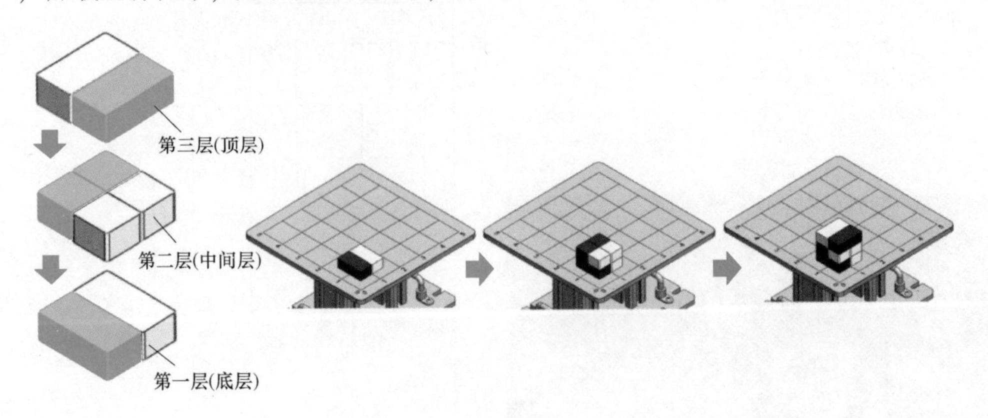

图 7-27　物料块码垛示意

【任务实施】

一、平台的准备

1. 物料块的放置及编号

按照任务要求，手动将物料块放在码垛模块的凹槽内。根据垛型、物料块的排布情况，选择需要使用的物料块，并给这些物料块编号。码垛使用的物料块及编号如图 7-28 所示，不进行码垛的物料块不编号。

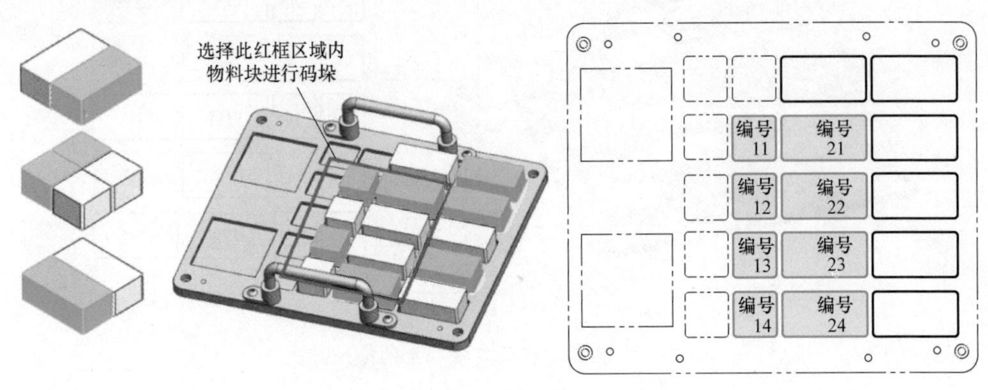

图 7-28　码垛模块物料块编号

2. 机器人相关设备的准备

1）搬运工具的选择。本任务选用直口夹具吸盘工具。

2）机器人 I/O 信号的配置与检测。在机器人 I/O 界面配置参考地址（表 6-1）。

3）机器人工件坐标系的设置。本任务基于码垛模块平面建立工件坐标系 4、垛型放置的棋盘板平面建立工件坐标系 5。工件坐标系 4 的原点可以设在物料块 11 的吸附中心点，工件坐标系 4 各轴方向如图 7-29 所示；工件坐标系 5 原点可以设在棋盘板垛型放置区域中心点，且原点处于棋盘板平面上。工件坐标系 5 各轴方向如图 7-30 所示。

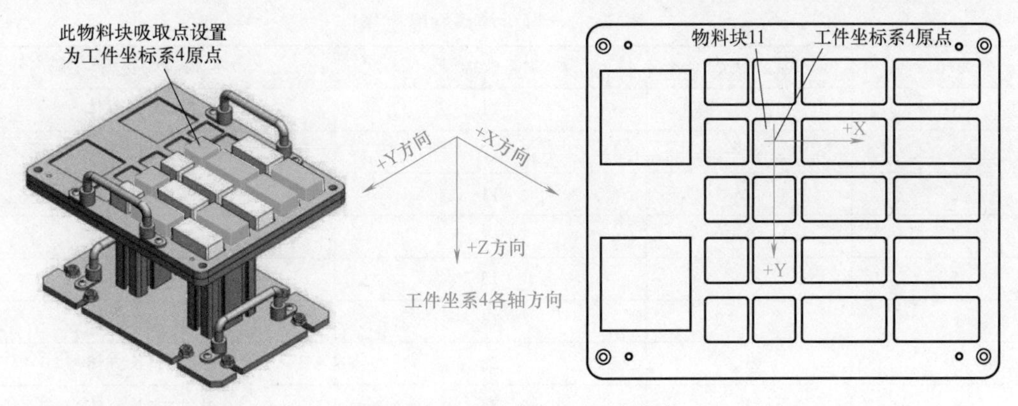

图 7-29　工件坐标系 4 设定参考

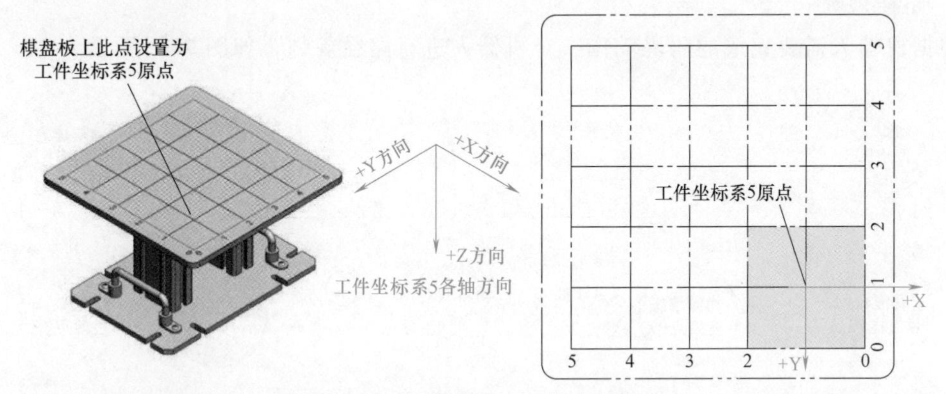

图 7-30　工件坐标系 5 设定参考

二、码垛规划

1. 确定码垛流程

根据物料块最终垛型决定物料块码垛放置位置，如图 7-31 所示。

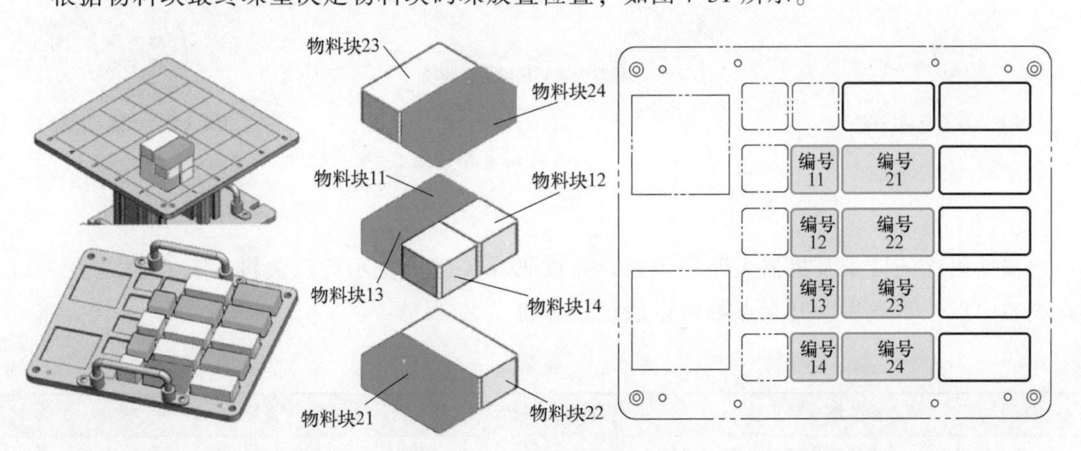

图 7-31　物料块码垛放置位置

根据物料块码垛放置位置列出物料块码垛顺序，见表 7-13。

表 7-13 物料块码垛顺序

搬运序号	放置层数	物料块编号	物料块熟悉
1	1	21	黑色,大长方体
2	1	22	白色,大长方体
3	2	11	黑色,小长方体
4	2	12	白色,小长方体
5	2	13	黑色,小长方体
6	2	14	白色,小长方体
7	3	23	白色,大长方体
8	3	24	黑色,大长方体

2. 路径规划

根据机器人需要完成的码垛动作，对机器人进行路径规划，如图 7-32 所示。

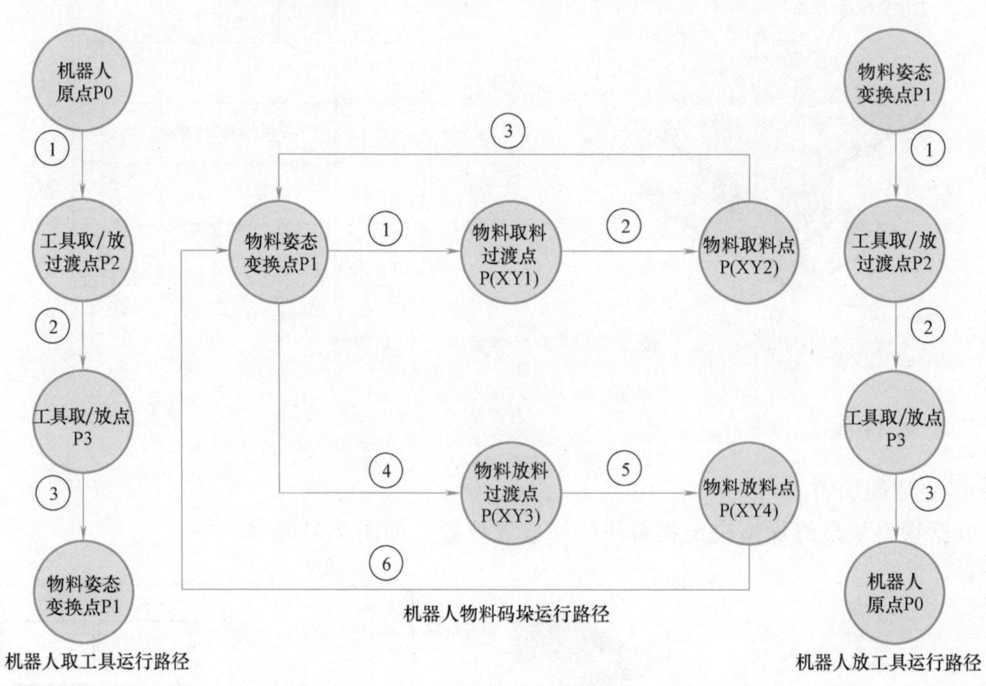

图 7-32 机器人码垛路径规划

3. 点位示教

根据码垛的要求及机器人路径规划，完成码垛关键点位示教。关键示教点位见表 7-14。完成表中点位示教后，其余点都可以通过计算得出。

表 7-14 关键示教点位

序号	关键示教点位	点位代号	说明
1	坐标系切换过渡点	P1	坐标系切换
2	吸盘标准姿态点	LR[10]	吸盘状态调整,方便吸取
3	工具取/放过渡点	P2	机器人世界坐标系

（续）

序号	关键示教点位	点位代号	说明
4	工具取/放点	P3	机器人世界坐标系
5	物料块 11 取料点	LR[112]	工件坐标系 4 原点(可不示教)
6	物料块 11 放料点	LR[114]	可不示教,通过计算得出

4. 设置寄存器

码垛模块物料块间的尺寸如图 7-33 所示。根据码垛模块尺寸，设置取料部分中间变量，并将变量保存到 LR 寄存器中。物料块取料过渡点与取料点的距离、物料块放料过渡点与放料点的距离设置为 50mm。取料部分中间变量见表 7-15。

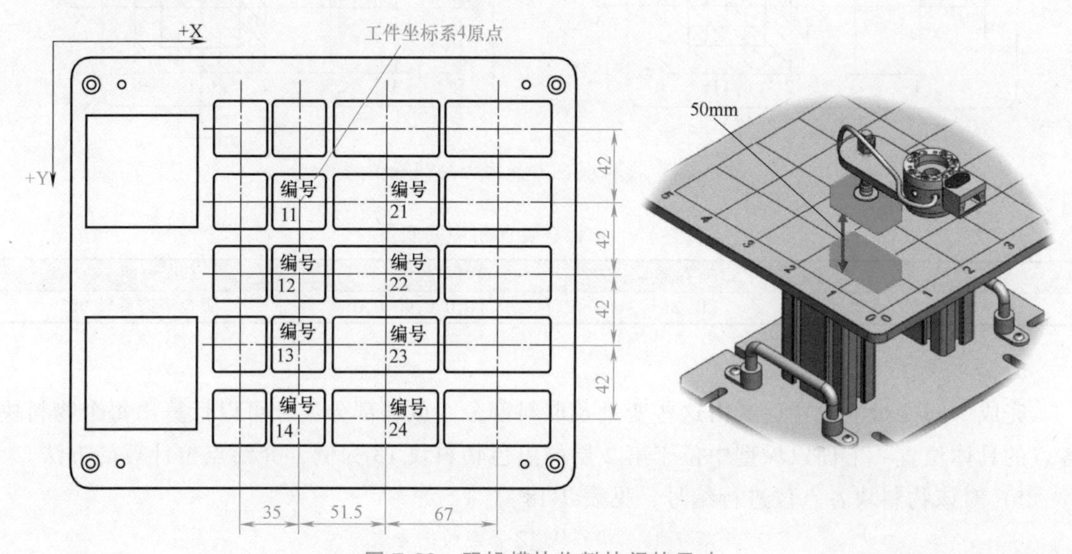

图 7-33　码垛模块物料块间的尺寸

表 7-15　取料部分中间变量

序号	寄存器	数值	说明
1	LR[1]	{0,0,0,0,0,0}	原点
2	LR[11]	{0,0,50,0,0,0}	Z 轴方向偏移量
3	LR[12]	{51.5,0,0,0,0,0}	X 轴方向偏移量
4	LR[13]	{0,42,0,0,0,0}	Y 轴方向偏移量

物料块的高度均为 20mm，而工件坐标系 4 的原点在棋盘板上，物料块放料点距离原点在 Z 方向的距离为 20mm。物料块在棋盘板上的码垛位置如图 7-34 所示。放料部分变量见表 7-16；由于机器人在码垛过程中需要将部分物料块旋转 90°及转回，所以设置旋转寄存器。转向用中间变量见表 7-17。

表 7-16　放料部分中间变量表

序号	寄存器	数值	说明
1	LR[14]	{15,0,0,0,0,0}	X 轴方向偏移量
2	LR[15]	{0,15,0,0,0,0}	Y 轴方向偏移量
3	LR[16]	{0,0,20,0,0,0}	Z 轴方向偏移量

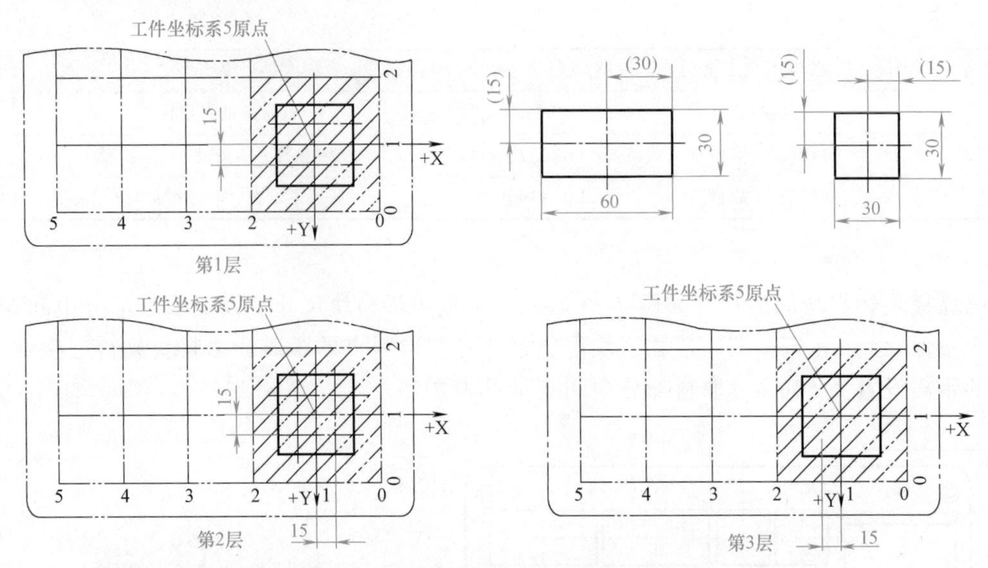

图 7-34　物料块在棋盘板上的码垛位置

表 7-17　物料块转向用中间变量

序号	寄存器	数值	说明
1	LR[21]	{0,0,0,90,0,0}	吸盘姿态旋转 90°

5. 点位计算

完成中间变量的设置后，由这些变量及取料部分、放料部分尺寸可以计算出每个物料块各点的具体位置。下面以垛型中位于第 2 层的黑色物料块 13 为例，介绍点位计算的方法。

1）对该物料块各点位进行编号，见表 7-18。

表 7-18　物料块 13 各点位编号表

物料块 13	取料过渡点	取料点	放料过渡点	放料点
点位代号	LR[131]	LR[132]	LR[133]	LR[134]

2）计算取料点 LR［132］数值，如图 7-35 所示。

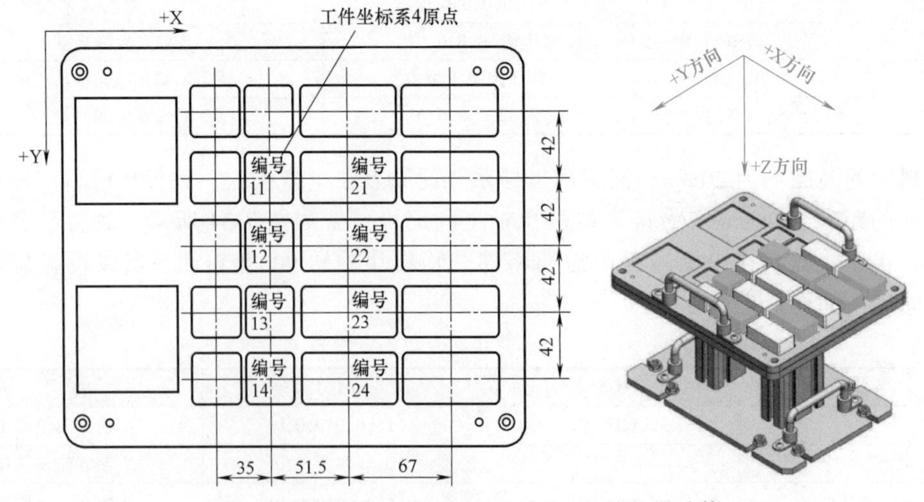

图 7-35　物料块 13 取料点 LR［132］的数值计算

① X 轴方向：该点 X 轴方向相对工件坐标系 4 原点无偏移，不调用寄存器变量。

② Y 轴方向：该点 Y 轴方向相对工件坐标系 4 原点向+Y 方向偏移（42+42）mm，对应使用寄存器 LR[13]+LR[13]。

③ Z 轴方向：该点 Z 轴方向相对工件坐标系 4 原点无偏移，不调用寄存器变量。

取料点 LR［132］数值计算方式是：将 X 轴、Y 轴、Z 轴方向使用的寄存器相加，再加上原点 LR［1］，即取料点 LR［132］数值为 LR[1]+LR[13]+LR[13]。

3）计算取料过渡点 LR［131］数值。由于取料过渡点 LR［131］是在点位 LR［132］的-Z 方向上偏移 50mm，即 LR［11］，所以点位 LR［131］的数值为 LR[1]+LR[13]+LR[13]-LR[11]。

4）计算放料点 LR［134］数值，如图 7-36 所示。

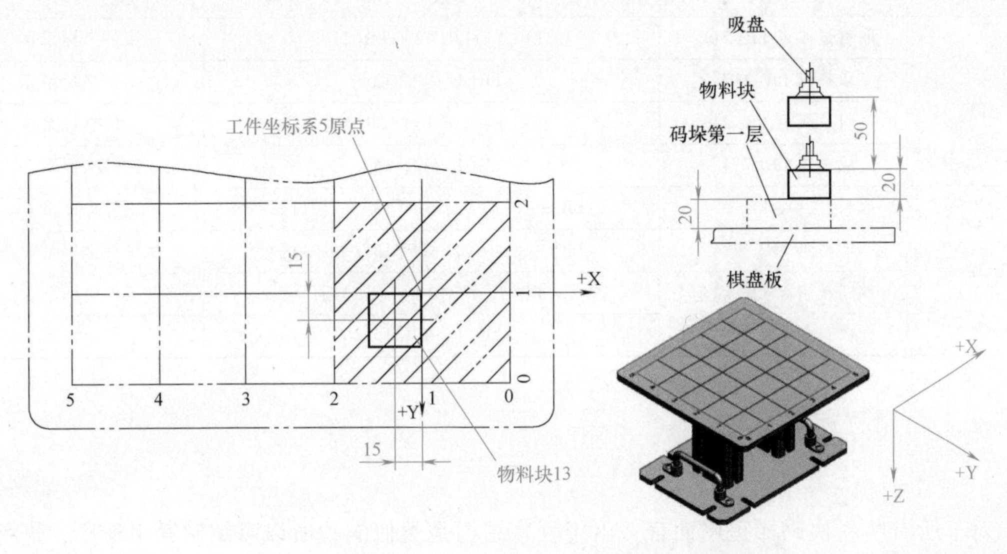

图 7-36　物料块 13 放料点 LR［134］的数值计算

① X 轴方向：X 轴方向相对工件坐标系 5 原点向-X 方向偏移 15mm，对应使用寄存器-LR［14］。

② Y 轴方向：Y 轴方向相对工件坐标系 5 原点向+Y 方向偏移 15mm，对应使用寄存器+LR［15］。

③ Z 轴方向：Z 轴方向相对工件坐标系 5 原点向-Z 方向偏移 20mm，对应使用寄存器-LR［16］。

由此可得出放料点 LR［134］数值为 LR[1]+LR[15]-LR[14]-LR[16]。

5）计算放料过渡点 LR［133］数值。由于放料过渡点 LR［133］是在点位 LR［134］的-Z 方向上偏移 50mm，即 LR［11］，所以点位 LR［133］的数值为 LR[1]+LR[15]-LR[14]-LR[16]-LR[11]。

采用同样的计算方法，完成所有需要码垛的物料块点位的计算。图 7-37 所示为物料块码垛放料位置。垛型第 1 层物料块各点位数值见表 7-19，垛型第 2 层物料块和第 3 层物料块各点位数值略。

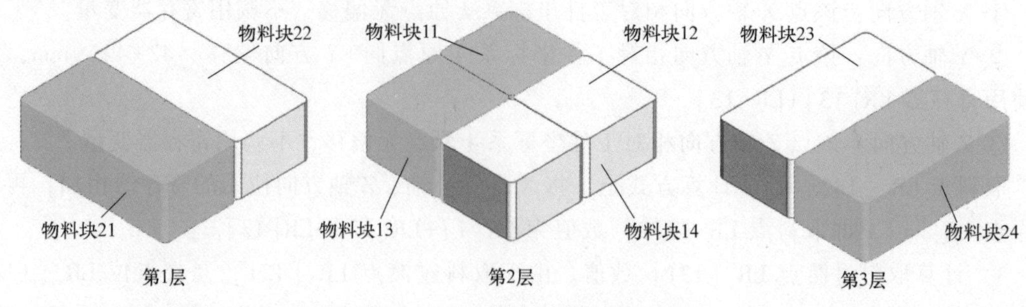

图 7-37 物料块码垛放料位置

表 7-19 垛型第 1 层物料块各点位数值

编号	点位代号	数值	坐标系
21	取料过渡点 LR[211]	LR[1]+LR[12]-LR[11]	工件坐标系 4
	取料点 LR[212]	LR[1]+LR[12]	工件坐标系 4
	放料过渡点 LR[213]	LR[1]+LR[15]-LR[11]	工件坐标系 5
	放料点 LR[214]	LR[1]+LR[15]	工件坐标系 5
22	取料过渡点 LR[221]	LR[1]+LR[12]+LR[13]+LR[11]	工件坐标系 4
	取料点 LR[222]	LR[1]+LR[12]+LR[13]-LR[11]	工件坐标系 4
	放料过渡点 LR[223]	LR[1]-LR[15]-LR[11]	工件坐标系 5
	放料点 LR[224]	LR[1]-LR[15]	工件坐标系 5

三、编制程序

1. 程序结构分析

对于所有物料块码垛程序而言，由于程序结构是类似的，所以可编制通用程序，进行复制，然后修改每个程序中物料块的对应点位，完成各物料块子程序的编写。

2. 绘制运行流程图

根据机器人码垛程序结构分析，完成机器人物料块码垛整体运行流程图，如图 7-38 所示。

设计工具拾取子程序运行流程图、工具放置子程序运行流程图，可以参照图 6-19、图 6-20。

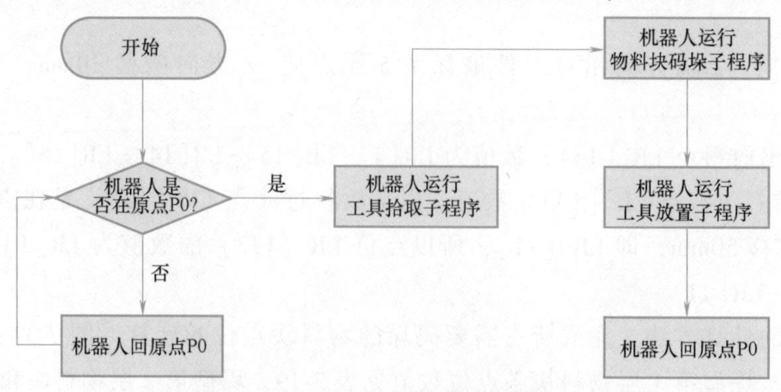

图 7-38 物料块码垛整体运行流程图

3. 绘制码垛通用运行流程图

每一层物料块的码垛通用运行流程图如图 7-39 所示。

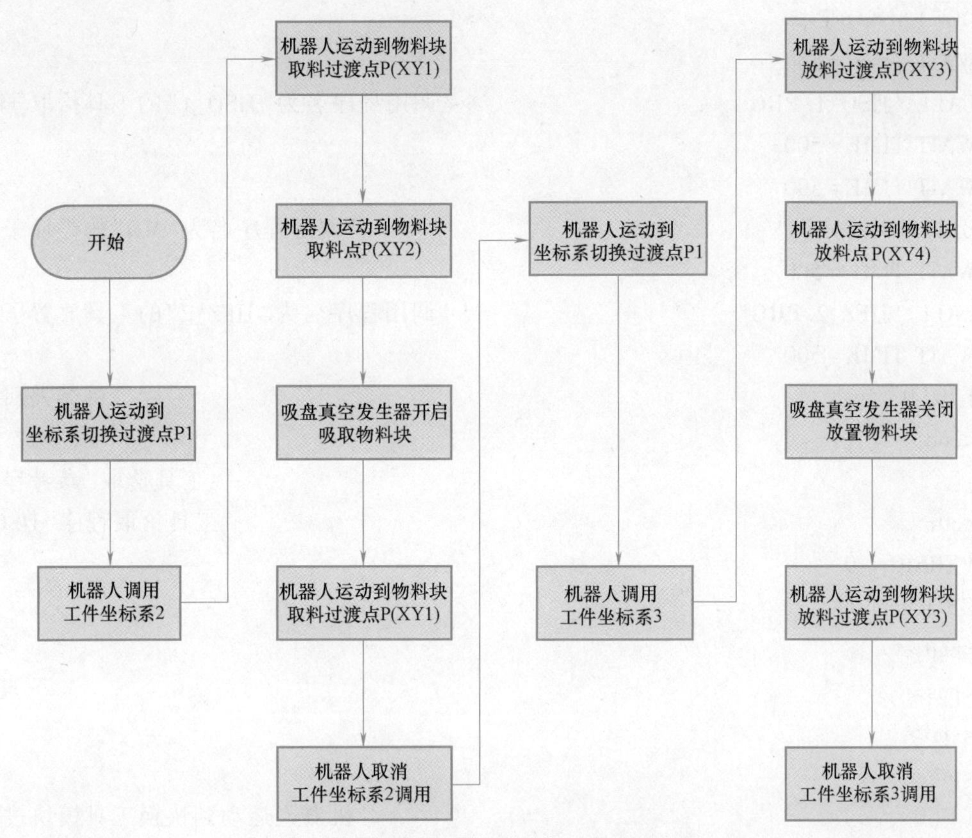

图 7-39 物料块码垛通用运行参考流程图

4. 示教编程

1) 设置机器人运动参数。

2) 新建名为 “WLKMD_01” 的机器人码垛主程序;

3) 为方便多次调用, 分别新建名为 “JJSQ_1” 工具拾取子程序、“JJFZ_2” 工具放置子程序和 “MD” 码垛 “物料块” 子程序。

参考程序如下:

```
<attr>                                    '码垛主程序“WLKMD_01”
VERSION:0
GROUP:[0]
<end>
<pos>
<end>
<program>
J JR[0]                                   '机器人回原点
DO[8]=OFF
DO[9]=OFF
```

```
DO[10]=OFF
DO[11]=OFF
DO[12]=OFF
WAIT TIME=500
CALL "JJSQ_1.PRG"                    '调用程序名为“JJSQ_1”的工具拾取子程序
WAIT TIME=500
WAIT TIME=500
CALL "MD.PRG"                        '调用程序名为“MD”的码垛子程序
WAIT TIME=500
CALL "JJFZ_2.PRG"                    '调用程序名为“JJFZ_2”的工具放置子程序
WAIT TIME=500
J JR[0]                              '机器人回原点
<end>
```

“工具拾取”参考程序段

```
<attr>                               '工具拾取程序“JJSQ_1”
VERSION:0
GROUP:[0]
<end>
<pos>
<end>
<program>
J P[0]                               '机器人运动到快换工具模块过渡点
L P[50]                              '机器人运动到吸盘工具取/放过渡点
L P[51]VEL=50                        '机器人运动到吸盘工具取/放点
WAIT TIME=500                        '延时 500ms
DO[8]=OFF                            '快换松关闭
DO[9]=ON                             '快换紧打开
WAIT TIME=500                        '延时 500ms
L P[50]                              '机器人运动到吸盘工具取/放过渡点
J P[0]                               '机器人运动到快换工具模块过渡点
<end>
```

“工具放置”参考程序段

```
<attr>                               '工具放置程序“JJFZ_2”
VERSION:0
GROUP:[0]
<end>
<pos>
<end>
<program>
```

```
J P[0]                         '机器人运动到快换工具模块过渡点
L P[50]                        '机器人运动到吸盘工具取/放过渡点
L P[51]VEL=50                  '机器人运动到吸盘工具取/放点
WAIT TIME=500                  '延时500ms
DO[8]=ON                       '快换松打开
DO[9]=OFF                      '快换紧关闭
WAIT TIME=500                  '延时500ms
L P[50]                        '机器人运动到吸盘工具取/放过渡点
J P[0]                         '机器人运动到快换工具模块过渡点
<end>
```

“码垛”参考程序段

```
<attr>                         '码垛物料块程序“MD”
VERSION:0
GROUP:[0]
<end>
<pos>
<end>
<program>
                               '寄存器初始化
R[10]=0
                               '放料点位置赋值
LR[114]=LR[1]-LR[15]-LR[14]-LR[16]
LR[124]=LR[1]-LR[15]+LR[14]-LR[16]
LR[134]=LR[1]+LR[15]-LR[14]-LR[16]
LR[144]=LR[1]+LR[15]+LR[14]-LR[16]
LR[214]=LR[1]+LR[15]
LR[224]=LR[1]-LR[15]
LR[234]=LR[1]-LR[14]-LR[16]*2+LR[21]
LR[244]=LR[1]+LR[14]-LR[16]*2+LR[21]
J JR[0]
WHILE R[10]<8
IF R[10]>=6,GOTO LBL[2]
IF R[10]>=2,GOTO LBL[1]
                               '第1层取料点位置赋值
R[0]=R[10]+21
R[2]=R[0]*10+2
LR[R[2]]=LR[1]+LR[12]+LR[13]*R[10]
GOTO LBL[3]
LBL[1]
```

```
                                              '第 2 层取料点位置赋值
R[0]=R[10]+9
R[2]=R[0]*10+2
LR[R[2]]=LR[1]+LR[13]*(R[10]-2)
GOTO LBL[3]
LBL[2]
                                              '第 3 层取料点位置赋值
R[0]=R[10]+17
R[2]=R[0]*10+2
LR[R[2]]=LR[1]+LR[12]+LR[13]*(R[10]-4)
LBL[3]
R[1]=R[0]*10+1
R[3]=R[0]*10+3
R[4]=R[0]*10+4
                                              '取料点上方点位置赋值
LR[R[1]]=LR[R[2]]-LR[11]
                                              '放料点上方点位置赋值
LR[R[3]]=LR[R[4]]-LR[11]
J P[1]
UFRAME_NUM=4
L LR[R[1]]
L LR[R[2]]
WAIT TIME=500
DO[12]=ON
WAIT TIME=500
L LR[R[1]]
J P[1]
UFRAME_NUM=5
L LR[R[3]]
L LR[R[4]]
WAIT TIME=500
DO[12]=OFF
WAIT TIME=500
L LR[R[3]]
R[10]=R[10]+1
END WHILE
J P[1]
J JR[0]
UFRAME_NUM=-1
```

<end>

四、运行程序

在手动 T1 模式下，加载主程序“WLKMD_01”，若信息窗口无报警，则证明程序不存在语法问题。切换至单步模式，以 15%的速度倍率执行程序，根据路径规划逐行检查程序的可行性。

在 AUTO 模式下，以 80%的速度倍率执行程序，完成物料块的码垛。

工业机器人寄存器指令实现码垛作业

【任务评价】

本任务的重点是培养工业机器人操作人员的安全文明生产职业素养，使其掌握机器人码垛综合应用编程的技能。任务评价内容分为职业素养和技能操作两部分，具体要求见表 7-20。

表 7-20 工业机器人物料块码垛综合应用任务考核评价表

序号	评价内容	是/否完成	得分
职业素养(30 分)			
1	正确穿戴工作服和安全帽(5 分)		
2	安全规范使用工、量具(5 分)		
3	规范使用示教器(15 分)		
4	器材摆放符合 8S 要求(5 分)		
技能操作(70 分)			
1	正确安装、调整码垛模块和快换工具模块(2 分)		
2	合理选择工件坐标系并完成标定(4 分)		
3	合理规划码垛路径,并完成路径规划图的绘制(5 分)		
4	合理设置必要寄存器数值(5 分)		
5	机器人以合理姿态示教关键点位(4 分)		
6	完成物料块码垛各点位的计算(10 分)		
7	机器人正确完成工具的拾取(4 分)		
8	机器人正确拾取物料块,完成第 1 层码垛(6 分)		
9	机器人正确拾取物料块,完成第 2 层码垛(6 分)		
10	机器人正确拾取物料块,完成第 3 层码垛(6 分)		
11	机器人正确完成工具的放置(4 分)		
12	机器人回原点(4 分)		
13	以 80%的速度自动运行程序,完成连续码垛(10 分)		
综合评价			

工业机器人综合应用编程模拟考核

现有一个工业机器人工作站，由工业机器人、快换工具模块、绘图模块、斜面搬运模块、电动机装配模块和立体仓库模块等组成，各模块布局如图 7-40 所示。在关节坐标系下，工业机器人原点位置为（0°，-90°，180°，0°，90°，0°）。

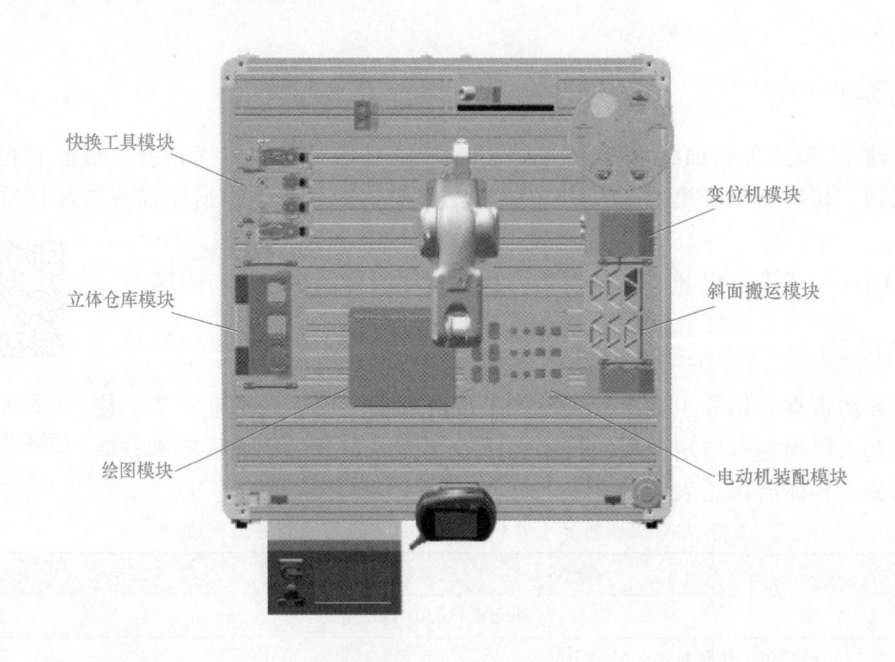

图 7-40 工作站各模块布局

工业机器人末端工具如图 7-41 所示。绘图笔工具和辅助标定装置用于标定绘图笔工具的工具坐标系和绘图模块斜面工件坐标系，吸盘工具用于吸持、搬运、码垛物料块。

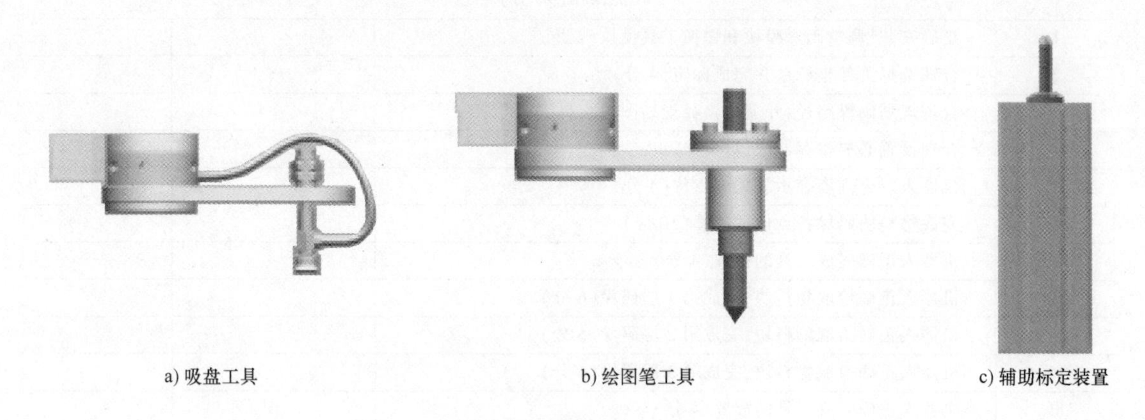

a) 吸盘工具　　b) 绘图笔工具　　c) 辅助标定装置

图 7-41 机器人末端工具

在搬运模块（图 7-42）中可进行倾斜角度搬运物体，同时区分放置角度，贴近实际搬运情况，每个物料上有相应的编号。

一、绘图综合应用编程

手动将绘图模块进行倾斜设定（自定义倾斜角度），手动安装绘图笔工具，标定并验证绘图斜面工件坐标系和绘图笔工具的工具坐标系。创建并正确命名程序，命名规则为“HTA＊＊”或“HTB＊＊”，其中，A 为上午场，B 为下午场；“＊＊”为工位号。要求使用示教器进行示教编程，对图 7-43 所示的图案进行示教编程，通过调用工件坐标系，实现

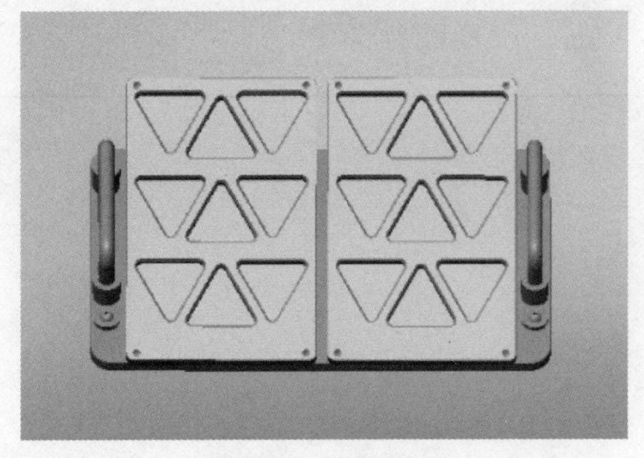
图 7-42　搬运模块

工业机器人在绘图模块右边的自动绘图功能（必须调用斜面工件坐标系和绘图笔工具的工具坐标系，并且使绘图笔工具垂直于绘图斜面进行绘图，图形必须在边界内）。工业机器人必须从工作原点开始运行，绘图完成后返回工作原点。

二、斜面搬运综合应用编程

在考核平台上，手动将吸盘工具安装在工业机器人末端，将九个标有数字的三角形物料按照自上而下、从左到右分别为 246-135-978 的顺序手动放到斜面搬运模块上，如图 7-44 所示。创建并正确命名程序，命名规则为“BYA＊＊”或“BYB＊＊”，其中，A 为上午场，B 为下午场；“＊＊”为工位号。要求使用示教器进行示教编程，实现将左边的九个三角形物料搬运到右边，并按照自上而下、从左到右分别为 987-654-321 的顺序摆放好，如图 7-45 所示。工业机器人必须从工作原点开始运行，搬运完成后返回工作原点。

图 7-43　斜面绘图图案

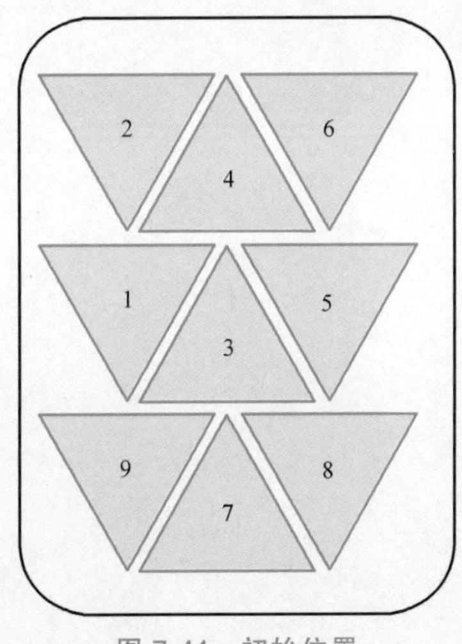

图 7-44　初始位置

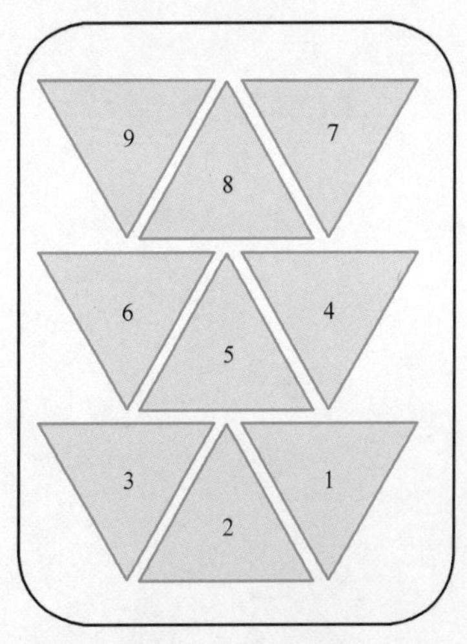

图 7-45　放置位置

三、程序流程图

四、示教程序清单

任务考核评价表见表 7-21。

表 7-21 任务考核评价表

场次号________工位号________开始时间________结束时间________

序号	考核要点	考核要求	配分	评分标准	得分	得分小计
一	斜面绘图（45 分）	正确调整绘图模块斜面角度	2	有倾斜角度		
		手动安装绘图笔工具	2	正确安装绘图笔工具		
		标定工具坐标系	4	正确标定		
		验证工具坐标系	3	围绕工具中心旋转		
		标定两个工件坐标系	6	每个 3 分		
		验证第一个工件坐标系	3	XYZ 三个方向验证各 1 分		
		验证第二个工件坐标系	3	XYZ 三个方向验证各 1 分		
		调用工件坐标系和工具坐标系	4	工件和工具的调用各 2 分		
		机器人从工作原点开始运行	3	从工作原点开始运行		
		正确绘制圆形图案	6	超出 1 次边界扣 1 分		
		正确绘制五角星图案	6	超出 1 次边界扣 1 分		
		绘图完成后机器人返回工作原点	3	正确返回工作原点 2 分		
二	斜面搬运（45 分）	按任务要求正确摆放工件	1	正确摆放工件		
		手动安装吸盘工具	2	正确安装吸盘工具		
		正确创建并命名程序	2	创建程序 1 分，命名程序 1 分		
		机器人从工作原点开始运行	2	从工作原点开始运行		
		物料 1 正确抓取	2	正确抓取物料 1		
		物料 1 正确放置	2	正确放置物料 1		
		物料 2 正确抓取	2	正确抓取物料 2		
		物料 2 正确放置	2	正确放置物料 2		
		物料 3 正确抓取	2	正确抓取物料 3		
		物料 3 正确放置	2	正确放置物料 3		
		物料 4 正确抓取	2	正确抓取物料 4		
		物料 4 正确放置	2	正确放置物料 4		
		物料 5 正确抓取	2	正确抓取物料 5		
		物料 5 正确放置	2	正确放置物料 5		
		物料 6 正确抓取	2	正确抓取物料 6		
		物料 6 正确放置	2	正确放置物料 6		
		物料 7 正确抓取	2	正确抓取物料 7		
		物料 7 正确放置	2	正确放置物料 7		
		物料 8 正确抓取	2	正确抓取物料 8		
		物料 8 正确放置	2	正确放置物料 8		
		物料 9 正确抓取	2	正确抓取物料 9		
		物料 9 正确放置	2	正确放置物料 9		
		任务完成机器人返回工作原点	2	正确返回工作原点 2 分		

(续)

序号	考核要点	考核要求	配分	评分标准	得分	得分小计
三	职业素养(10分)	遵守赛场纪律,无安全事故	2	纪律和安全各1分		
		工位保持清洁,物品整齐	2	工位和物品各1分		
		着装规范整洁,佩戴安全帽	2	着装和安全帽各1分		
		操作规范,爱护设备	2	规范和爱护设备各1分		
		尊重裁判,听从安排	2	尊重裁判、听从安排各1分		
四	违规扣分项	机器人与快换工具模块支架干涉		每次扣5分		
		机器人带起快换工具模块支架		每次扣5分		
		机器人与绘图板干涉		每次扣5分		
		机器人与搬运工作台干涉		每次扣5分		
		机器人与其他设备发生干涉		每次扣5分		
		损坏设备		扣20分		
		合计	100			

被考核人员签字	年 月 日	考评人员签字	年 月 日

附录 工业机器人应用编程初级职业技能培训课程内容及安排

附表 工业机器人应用编程初级职业技能培训课程内容及安排

序号	项目名称	职业能力	知识、能力要求	学时
1	工业机器人应用编程职业技能等级考评须知	1. 能够解读工业机器人应用编程职业技能等级考核标准内涵 2. 能够根据安全规程完成工业机器人的日常点检 3. 能够判断外部危险情况，会操作紧急停止按钮等安全装置 4. 能够清点考核设备的组成和功能	一、知识要求 1. 了解工业机器人应用编程职业技能等级考核的内涵及要求 2. 认识工业机器人职业等级考核设备的基本组成与功能 3. 熟悉工业机器人应用系统的安全标志及设备维护与保养 二、能力要求 1. 能够根据安全操作规程正确启动、停止、紧急停止工业机器人 2. 能够根据说明书清点及检测设备 3. 能够及时判断外部危险情况，会操作紧急停止按钮等安全装置	2
2	工业机器人的参数设置与手动操作试运行	1. 能够手动操作工业机器人 2. 能够使用示教器设定运行速度 3. 能够设定语言、系统时间和用户权限等环境参数 4. 能够选择关节坐标系、世界坐标系、工件坐标系和工具坐标系 5. 能够根据用户需求配置示教器备用按钮 6. 能够根据用户要求对工业机器人系统程序、参数等数据进行备份与恢复	一、知识要求 1. 了解工业机器人的基本组成 2. 掌握工业机器人示教器的结构、功能和基本参数的设置方法 3. 了解工业机器人关节坐标系、世界坐标系、工件坐标系和工具坐标系基本概况 二、能力要求 1. 能够使用示教器设定运行速度 2. 能够根据操作手册设定语言、系统时间和用户权限等环境参数 3. 能够选择和调用世界坐标系、基坐标系、用户（工件）坐标系和工具坐标系 4. 能够根据用户要求对工业机器人系统程序、参数等数据进行备份与恢复 5. 能手动操作工业机器人进行 TCP 的标定	4
3	工业机器人绘图操作与编程	1. 能够熟练操作工业机器人 2. 能够根据绘图任务进行工业机器人路径和运动规划 3. 能够新建、编辑和加载程序 4. 能够使用直线、圆弧和关节等运动指令编程示教并调试运行 5. 能够进行工业机器人程序管理和配置文件的导入和导出等操作	一、知识要求 1. 认识快换工具和绘图笔工具 2. 认识程序编辑界面和程序结构 3. 掌握工业机器人运动指令的用法 4. 掌握程序导出与加载的方法 二、能力要求 1. 能够安装布局工业机器人绘图模块 2. 能够正确选择和加载机器人程序 3. 能使用直线、圆弧和关节等运动指令编程 4. 能够根据用户的要求，备份和恢复工业机器人系统程序、参数等数据	8

（续）

序号	项目名称	职业能力	知识、能力要求	学时
4	工业机器人搬运操作与编程	1. 能够合理选择末端工具（吸盘工具）完成搬运任务 2. 能够使用示教器设置机器人 I/O 参数备用按钮，如传感器、电磁阀等 3. 能够根据工艺要求编写并调试机器人搬运程序 4. 能够进行工业机器人搬运程序、配置文件的导入和导出等操作	一、知识要求 1. 认识搬运模块和吸盘工具 2. 掌握机器人搬运应用的动作流程 3. 掌握等待指令、位置偏移指令的功能及使用方法 4. 掌握备用按钮的功能和使用方法 二、能力要求 1. 能够正确安装、布局搬运模块 2. 能够根据工艺要求编写并调试机器人搬运程序	16
5	工业机器人码垛操作与编程	1. 能够合理布局工业机器人码垛平台 2. 能够合理选择末端工具（吸盘工具）完成码垛任务 3. 能够根据工艺流程合理设计码垛程序，运用条件与循环指令对工业机器人码垛程序进行优化 4. 能够进行工业机器人码垛程序、配置文件的导入和导出等操作	一、知识要求 1. 认识码垛模块和物料位置关系 2. 掌握寄存器指令功能及使用方法 3. 掌握条件指令的功能及使用方法 4. 掌握循环指令功能及使用方法 二、能力要求 1. 能够正确安装布局码垛模块 2. 能够根据工艺要求编写并调试码垛程序 3. 能够调试、优化重叠式码垛、纵横式码垛和旋转交错式码垛程序	16
6	工业机器人装配操作与编程	1. 能够合理布局工业机器人码垛平台，检测机器人 I/O 配置信号 2. 能够结合电动机装配工艺流程，编制工业机器人结构化装配程序 3. 能够进行工业机器人装配程序、配置文件的导入和导出等操作	一、知识要求 1. 掌握装配模块和快换工具模块的应用 2. 掌握工业机器人电动机装配的流程 3. 掌握结构化结构的程序思维 二、能力要求 1. 能够正确选择和使用末端工具 2. 能够运用电动机装配工艺流程编制工业机器人装配程序 3. 能够根据工艺流程调整要求及程序运行结果优化工业机器人装配程序	16
7	工业机器人复杂装配综合应用编程	1. 能够解读相关要求与评分细节 2. 能够按照规范分步完成各项考核要求 3. 能够熟练操作机器人完成 3 套电动机装配典型工艺的编程	一、知识要求 1. 掌握工业机器人应用编程考证的任务要求 2. 掌握工业机器人应用编程的方法 3. 掌握机器人应用编程中常见故障的处理方法 二、能力要求 1. 能解读相关要求与评分细节 2. 能够按照规范分步完成各项考核要求 3. 能够熟练操作机器人完成 3 套电动机装配典型工艺的应用编程	※16

（续）

序号	项目名称	职业能力	知识、能力要求	学时
8	工业机器人搬运、码垛综合应用编程	1. 能够解读相关要求与评分细节 2. 能够按照规范分步完成各项考核要求 3. 能够熟练操作机器人完成3层共九个物料块的码垛典型工艺应用编程	一、知识要求 1. 掌握工业机器人应用编程考证的任务要求 2. 掌握工业机器人应用编程的方法 3. 掌握机器人应用编程中常见故障的处理方法 二、能力要求 1. 能够解读相关要求与评分细节 2. 能够按照规范分步完成各项考核要求 3. 能够熟练操作机器人完成3层码垛典型工艺的应用编程	※16

参考文献

[1] 杨威，孙海亮，宋艳丽．工业机器人技术及应用［M］．武汉：华中科技大学出版社，2019.
[2] 郝巧梅，刘怀兰．工业机器人技术［M］．北京：电子工业出版社，2016.
[3] 邢美峰．工业机器人操作与编程［M］．北京：电子工业出版社，2016.
[4] 刘怀兰，欧道江．工业机器人离线编程仿真技术与应用［M］．北京：机械工业出版社，2019.
[5] 叶伯生．工业机器人操作与编程［M］．武汉：华中科技大学出版社，2015.
[6] 刘怀兰，孙海亮．智能制造生产线运营与维护［M］．北京：机械工业出版社，2020.
[7] 邢美峰．工业机器人电气控制与维修［M］．北京：电子工业出版社，2016.
[8] 邱庆．工业机器人拆装与调试［M］．武汉：华中科技大学出版社，2016.
[9] 余倩，龚承汉．工业机器人电气控制与保养［M］．武汉：华中科技大学出版社，2017.
[10] 王保军，腾少峰．工业机器人基础［M］．武汉：华中科技大学出版社，2015.
[11] 李晓雪．智能制造导论［M］．北京：机械工业出版社，2019.
[12] 王芳，赵中宁．智能制造基础与应用［M］．北京：机械工业出版社，2018.
[13] 杨绍忠．工业机器人智能装配生产线装调与维护［M］．武汉：华中科技大学出版社，2018.

参考文献